边坡稳定分析中的优化方法

李 亮 褚雪松 著

中国建筑工业出版社

图书在版编目（CIP）数据

边坡稳定分析中的优化方法/李亮，褚雪松著. —北京：
中国建筑工业出版社，2016.10
ISBN 978-7-112-19867-2

Ⅰ.①边… Ⅱ.①李…②褚… Ⅲ.①岩石-边坡稳
定性-稳定分析-最优分析 Ⅳ.①TU457

中国版本图书馆 CIP 数据核字（2016）第 223962 号

本书是作者的专著，主要讲述了岩土工程中边坡稳定分析中的优化方法，内容包括：绪论、条分法程序设计、混合复合形法、新型复合形法、基于混合搜索算法的非圆临界滑动面寻求等章节内容。全书基于著者多年的科学研究成果的总结著写而成，具有很高的原创性、科学性，适合广大的岩土工程专业的科研人员、相关专业的师生阅读使用。

责任编辑：张伯熙
责任设计：李志立
责任校对：李欣慰　焦　乐

边坡稳定分析中的优化方法

李　亮　褚雪松　著

*

中国建筑工业出版社出版、发行（北京西郊百万庄）
各地新华书店、建筑书店经销
北京科地亚盟排版公司制版
北京建筑工业印刷厂印刷

*

开本：850×1168毫米　1/32　印张：5⅝　字数：144千字
2016年9月第一版　2017年12月第二次印刷
定价：**28.00**元
ISBN 978-7-112-19867-2
（29275）

版权所有　翻印必究
如有印装质量问题，可寄本社退换
（邮政编码 100037）

作者简介

李亮，青岛理工大学副教授，2006年1月获大连理工大学水工结构工程博士学位，2006～2007年在香港理工大学土木与结构工程系从事研究助理工作，进行二、三维边坡稳定分析软件的开发工作。2007～2009年在中国水利水电科学研究院岩土工程研究所从事博士后研究工作，进行边坡二维极限分析程序的开发。2012～2013年在香港城市大学从事高级研究助理工作，主要进行岩土工程可靠度分析与风险控制研究工作。2014～2015年获国家留学基金委公派访问学者资格，赴新加坡国立大学开展岩土工程风险评价相关的研究工作。目前主要从事岩土工程可靠度分析及风险评价相关研究工作，主持完成国家自然科学基金两项、省部级项目两项，发表学术论文近百篇，获教育部科技进步一等奖一项、第六届安全生产科技成果奖二等奖一项，申请发明专利四项、软件著作权三项。

前　　言

目前边坡抗滑稳定评价方法主要包括极限平衡方法和数值分析方法两大类。随着研究的深入，数值分析方法（譬如有限单元方法和有限差分方法）结合强度折减策略进行边坡抗滑稳定安全系数的计算已经逐渐为岩土业界所认可与接受。作为有着上百年工程经验累积、验证的极限平衡方法，虽然存在着主观假设多、需要提前假定滑动面形状等缺点，但是该方法仍然被广大岩土工程技术人员所使用，究其原因在于：该法计算简单、无须知道土体材料的应力应变关系就能大致判断边坡的稳定程度，并结合工程技术人员的主观经验进行边坡的设计与支护。

鉴于此，很有必要总结基于极限平衡方法框架的边坡稳定性分析方法，尤其是，假定滑动面为非圆弧形状后，如何在计算分析过程中具体描述非圆弧滑动面，仍是工程技术人员所关心的实施步骤之一；其次，对于给定的滑动面进行安全系数计算之后，需要进行滑动面的变换以便确定具有最小安全系数的滑动面，利用这个临界滑动面以及最小安全系数来进行边坡稳定程度评估与设计。因此，对目前常用的复合形法，尤其是各种智能优化算法，譬如遗传算法、禁忌算法、鱼群算法、粒子群算法、模拟退火算法以及声搜索算法等进行搜索效率比较分析，以最终得出推荐使用的搜索算法，此项研究工作仍具有十分重要的工程应用价值与理论指导意义。

本书中对常见的智能优化算法进行了深刻剖析，并对每种算法的搜索策略进行了相互融合以提高新型搜索算法的效率，形成了多种混合搜索算法，这些混合搜索算法在书中的命名是以作者的主观判断为主，读者大可不必局限于此，可以在深刻领会的基础上提出自己的混合算法并对其命名。

　　本书的部分内容包括第一著者在大连理工大学攻读博士学位期间的研究成果，在此对迟世春教授、林皋院士以及母校大连理工大学表示衷心的感谢。此外在本书的撰写过程中，还得到了香港理工大学郑榕明博士的帮助与支持，对此一并表示感谢！最后，还要感谢国家自然科学基金项目（编号：51274126）的经费支持。

　　作者虽长期从事边坡稳定分析与工程实践，但限于知识面的局限性，书中难免存在缺点和错误之处，敬请读者批评赐教指正。

目　　录

1 绪论

1.1 背景

中国是一个地质灾害发生十分频繁、灾害损失相当严重的国家。据不完全统计，中国每年由地质灾害所带来的经济损失平均在 200 亿～500 亿元之间，地质灾害已成为制约中国经济及社会可持续发展的一个重大问题。作为一种重要的地质灾害，滑坡给人类的生命财产带来重大威胁[1]。滑坡发生时，岩体或其他碎屑沿一个或多个破裂滑动面向下做整体滑动。滑坡可导致交通中断、河道堵塞、厂矿城镇被淹没、工程建设受阻。表 1-1 统计了 20 世纪在世界范围内发生的一些重大滑坡灾害的事件[2]。

世界重大滑坡灾害实例　　　　　　　　　表 1-1

国家或地区	时间	滑坡类型	灾害
爪哇	1919	泥石流	5100 人死亡，140 个村庄被毁
中国，宁夏海源	1920.12.16	黄土流	约 20 万人死亡
美国，加利福尼亚	1934.12.31	泥石流	40 人死亡，400 间房子被毁
日本，久礼	1945		1154 人死亡
日本，东京西南	1958		1100 人死亡
秘鲁，Ranrachirca	1962.6.10	冰和岩石崩塌	3500 多人死亡
意大利，瓦依昂	1963	岩石滑坡进入水库	约 2600 人死亡

1

国家或地区	时间	滑坡类型	灾害
英国，Aberfan	1966.10.21	流动滑坡	144 人死亡
巴西，Rio deJaneiro	1966		1000 人死亡
巴西，Rio deJaneiro	1967		1700 人死亡
美国，弗吉尼亚	1969	泥石流	150 人死亡
日本	1969～1972	各种灾害	519 人死亡，13288 间房被毁
秘鲁，Yungay	1970.5.31	地震引起碎屑崩塌、碎屑流	25000 人死亡
Chungar	1971		259 人死亡
中国，香港	1972.6	各种灾害	138 人死亡
日本，Kamijima	1972		112 人死亡
意大利南部	1972～1973		约 100 个村庄被毁，影响 20 万人
秘鲁，Mayuamarca	1974	泥石流	镇被毁，451 人死亡
秘鲁，Mantaro 峡谷	1974		450 人死亡
Semeru 山	1981		500 人死亡
秘鲁，Yacitan	1983		233 人死亡
尼泊尔西部	1983		186 人死亡
中国，东乡县洒勒	1983	黄土滑坡	4 个村庄被毁，227 人死亡
哥伦比亚，Armero	1985.11	泥流	约 22000 人死亡
中国，汶川	2008.5	地震引发滑坡形成堰塞湖	约 25000～30000 人
中国，深圳	2015.12	余泥渣土受纳场滑坡	上百人失联、遇难

从表 1-1 中可以发现，一些较大规模的滑坡，如 1963 年 10 月 9 日 2 时 38 分（格林尼治时间）从意大利瓦依昂大坝上游峡谷区左岸山体突然滑下体积为 2.4 亿 m³ 的超巨型滑坡体，导致约 2500 万 m³ 的库水翻坝而过，摧毁了下游 3km 处的隆加罗市

(Longarone) 及其数个村镇，造成 2000 余人遇难。中国宁夏海源及秘鲁 Yungay 个别特大滑坡灾害的伤亡人数均以万计。我国目前正处于经济建设高速发展的时期，滑坡会给我国水利、铁路、公路、矿山建设带来巨大损失：1989 年 1 月 10 日在中国云南漫湾水电站大坝坝肩开挖过程中发生的滑坡，不仅耗资近亿元进行了治理，而且使这个 150 万 kW 的水电站推迟发电近一年，给云南省经济建设的整体安排带来了困难。抚顺西露天矿自 1914 年投产以来，为保持边坡稳定，共剥离岩石 1 亿 m³。1981 年雨季，宝成铁路共发生滑坡 289 处，中断行车 2 个多月，抢建费用达 2.56 亿元。2008 年给我国人民带来巨大生命与财产安全损失的四川汶川地震，引发了上万处山体滑坡与崩塌，形成多处堰塞湖。其中位于青川东河口红光乡的刘家湾滑坡[155]是汶川地震触发的特大型岩质山体滑坡。2015 年 12 月 20 日，发生在深圳光明新区的余泥渣土受纳场滑坡，导致一百多人失联遇难。由此可见，滑坡灾害已经给我国和世界各地人民造成了许多损失，正确地评估边坡的稳定程度对滑坡灾害治理具有至关重要的作用。

1.2　边坡稳定分析方法

正确评价边坡的稳定性、防患于未然，对于确保生产建设与人民财产安全有重要意义。人类从来都不畏惧与滑坡灾害做斗争，在认识滑坡机理、完善边坡稳定分析理论和方法、开发滑坡治理技术以及进行滑坡预报等方面展开了卓有成效的工作。目前工程实践中也常常会遇到如何确定边坡坡度、坡角、边坡的合理断面以及边坡支护等问题，这就要求我们必须对边坡的稳定性进行分析。在实践中发现，引起边坡滑动的最主要因素是土体中剪应力的增加或土体的抗剪强度的降低，从而导致土体的强度破坏。因此，对于土建施工时形成的边坡，如果边坡过陡，很容易发生塌方或滑坡；如果边坡过缓，就会增加土方量，或超出建筑界限而影响邻近建筑物的使用和安全。为了评价边坡稳定性，各国学者曾提出了许多方法，如极限平衡法、滑移线法、变分法、数值计算方法（有限元法、有限差分法等）、最小势能原理方法以及某几种方法的综合运用。

1.2.1 极限平衡法

1. 二维极限平衡法

比较简单而实用的方法首推以二维极限平衡法为基础的条分法。此法首先假定若干可能的剪切滑动面，然后将滑动面以上土体分成若干土条（垂直、水平或倾斜方向），对作用于土条上的力进行力与力矩的平衡分析，求出在极限平衡状态下土体稳定的安全系数，并通过一定数量的试算，找出最危险滑动面位置及相应的安全系数。换言之，基于塑性极限平衡理论的条分法，主要包括两个基本问题，即：

（1）对于某一给定的潜在滑动面（如平面、折线形楔体、圆弧滑动面、对数螺旋柱面），基于力学分析和物理上的合理性要求，建立稳定安全系数的算式，对于条间相互作用采用不同的模式或假定及约束条件，建立了简化极限平衡法和严密极限平衡法等各种具体方法，各种方法的计算精度取决于所采用假定的合理性。

（2）对于所有可能的滑动面，确定临界滑动面及其相应的安全系数。

极限平衡方法仅考虑了土的强度特性，而不能考虑土的实际应力—应变关系，从而无法得到边坡内的应力与变形的空间分布及其在加载历史中的发展过程。尽管如此，由于这种方法使用简单、概念清晰，在实际中仍得到了不断发展和广泛采用，传统条分法已有十几种之多，它们之间的区别在于条块间作用力假设与所需满足的平衡条件，具体比较见表1-2。栾茂田[15]基于极限平衡原理将滑动楔体模型加以改进，建立了能合理考虑土体破坏机制的更一般的滑楔分析技术，刘杰[16]改进了瑞典圆弧法进行简单土坡稳定分析，张鲁渝[17,18]对简化 Bishop 法进行了扩展使其能计算非圆弧滑动面的安全系数，朱禄娟[19]、林丽[20]、杨明成[21,22]、郑颖人[23]等对二维边坡稳定分析的条分法公式进行了统一处理，使得条分法的计算更加方便。目前研究趋势来看，二维极限平衡方法在理论上进展不大，已趋于成熟，经常用于工程实践中的就是简化 Bishop 法、Morgenstern-Price 法以及不平衡推力法。许多商业软件，譬如加拿大 Rocscience 旗下的 Slide 以及 Geostudio 中 Geo-Slope 中都内置了许多常用的极限平衡方法供分析之用。

各种二维极限平衡法的比较　　　　　　表 1-2

极限平衡条分法	多余变量的假定	严格/非严格	作者及时间
瑞典条分法[3]	假定条块间无任何作用力	非严格	Felinius（1936）
简化 Bishop 法[4]	假定条块间只有水平力	非严格	Bishop（1955）
简化 Janbu 法[5]	假定条块间只有水平力	非严格	Janbu（1954）
传递系数法[6]	假定了条间力方向	非严格	潘家铮（1980）
分块极限平衡法[6]	条块间满足极限平衡	非严格	潘家铮（1980）
不平衡推力法[7]	假定了条间力方向	非严格	建筑地基基础设计规范（1989）
Sarma 法[8,9]	条块间满足极限平衡	非严格	Sarma（1973，1979）
严格 Janbu 法[10]	假定条间力作用位置	严格	Janbu（1973）
Spencer 法[11]	假定条块间水平与垂直作用力之比为常数	严格	Spencer（1967）
Morgenstern-price 法[12,13]		严格	Morgenstern-price（1965）
Leshchinsky&Huang 法[14]	假定条底法向力的分布、大小	严格	Leshchinsky&Huang（1992）

2. 三维极限平衡法

目前边坡稳定分析，二维极限平衡法是常用的手段，但越来越多的工程实际问题提出了建立三维边坡稳定分析的要求。

5

因为实际工程中，边坡的破坏体往往为多种土体的空间组合，破坏面呈现复杂几何形状，破坏体本身所承受的外力也不对称，严格地说，考虑到边坡的这些空间复杂性，边坡稳定应该进行三维分析，以便更可靠的评价边坡稳定性。Hovland[24]假定所有条块间的作用力为零，将普通条分法推广到三维，可以计算破坏面为任意几何形状的边坡；Chen和Chameau[25]假定垂直滑动方向的条块侧面的条块间作用力的倾角为统一常数，并假定平行于滑动方向的条块侧面的条块间作用力的倾角等于该侧面底边的倾角，由垂直滑动方向的条块侧面的条块间作用力的两个方向的力平衡和绕任意点的总的力矩平衡三个方程得到安全系数，适用于对称破坏面的边坡，但是该方法对某些情况会出现二维比三维的安全系数值大，说明有些假定是不合理的。Hungr[26]推广了Bishop简化法，由绕圆心转动的力矩平衡得到安全系数，适用于对称圆弧破坏面；Lam和Fredlund[27]假定条块间的滑动和垂直滑动两个方向的作用力的倾角为常数，由沿滑动方向的力平衡和绕旋转轴的力矩平衡两个方程式得到安全系数，适用于对称旋转破坏的计算公式。陈祖煜[28]等将二维Spencer法扩展到三维，张均锋[29,30]等对二维Janbu法进行了有益的扩展，可进一步给出坡体各部分的安全系数以及各部分的潜在滑动方向。陈胜宏[31]等基于二维不平衡推力法的相关假定，提出了适用于任意形状滑动面的边坡在复杂荷载作用下的三维安全系数计算方法，即三维剩余推力法。冯树仁[32]等忽略条块间的垂直方向剪力，利用垂直方向和滑动方向的力平衡条件求得安全系数，提出了一种类似三维Janbu法的计算方法；李同录[33]等假设所有条块界面均处于极限平衡状态，而且与滑动底面具有相同的安全系数，推导得出了考虑条间作用力和底滑面剪切力方向影响的三维安全系数计算方法。郑宏[156]通过取整个滑体为受力体并基于滑面应力修正，提出了满足所有6个平衡条件的严格三维极限平衡法。其研究指出：所推导出的平衡方程组具有良好的数值特性，而且其Newton法不依赖于初值的选择，并从理论上证明了解的存在性。在内摩擦角为 0 的特殊工况下，还证明了解的唯一性，给出安全系数的显式表达式。数值求解时，通过化域积分为边界积分而无须再对滑体进行条分。新方法能够适应任意形状的滑面。朱大勇等[157]通过假定滑动面正应力分布，推导了适用于对称或近似对称边坡的三维稳定性方法。此外，朱大勇等[158]还基于滑面正应力修正模式，推导了旋转非对称边坡三维极限平衡安全系数显式解答。首先假设三维滑面正应力的初始分布，然后乘以含两个待定参数的修正函数；根据滑体竖直方向力平衡、垂直滑动方向水平力平衡及对旋转轴力矩平衡的条件，导出关于安全系数的二次代数方程；得到三维安全系数的显式解。谢谟文等[159]基于 GIS 栅格数据和四个边坡稳定三维极限平衡方法，开发了一个 GIS 扩展模块用于边坡三维安全系数。李亮[160]等采用非均匀有理 B 样条（Non-Uniform Rational B-Spline）模拟技术来模拟三维任意滑动面，采用三维简化 Janbu 极限平衡方法计算给定三维滑动面的安全系数，并应用混合粒子群算法搜索了临界滑动面。李亮[161,167]分别采用圆球、椭球以及非均匀有理 B 样条模拟边坡的三维滑动体，利用三维简化 Janbu 法计算给定滑动体的安全系数，采用混合粒子群算法搜索临界的滑动体及其对应的安全系数。对某两个典型土坡按不同模拟滑动体策略对计算结果的影响进行比较，并分析 NURBS 中不同跳动点个数的耗时及其对计算结果的影响。以上众学者分别基于不同的静力平衡假定，得到了各自不同的三维极限平衡方法并且以已有考题或者实际工程应用为据证明了各自方法的合理有效性，为三维极限平衡方法的进一步发展奠定了坚实的基础。

1.2.2 数值计算方法

20 世纪 50 年代中期至 60 年代末，各种数值分析方法（有限单元法 FEM、边界单元法 BEM、离散单元法 DEM、有限差分法 FDM 等）飞速发展，由于当时理论尚处于初级阶段，计算机的硬件以及软件也无法满足需求，数值分析方法还无法在工程上普及。近年来随着计算机技术的发展，有限元法、边界元法以及有限差分等方法已作为一种强有力的数值计算方法在岩土工程中得到广泛应用。用有限元法以及有限差分法分析边坡稳定问题克服了极限平衡法中将土条假设为刚体的缺点，全面满足了静力许可、应变相容和应力应变之间的本构关系，能考虑土体的非均匀性和各向异性等复杂特性，能够模拟边坡的施工过程，可适用于任意复杂的边界条件。

1. 基于有限元应力场的边坡稳定分析

利用有限元技术进行边坡稳定分析已经取得了大量的研究成果[34~37]，一般的做法是：首先在边坡中定义一个潜在的滑动面，然后把边坡当作变形体，按照土的变形特性，应用有限元法计算出边坡内的应力分布，然后通过搜索潜在滑动面，验算滑动坡体的整体抗滑稳定性，按沿整个滑动面的抗剪强度与实际产生的剪应力之比得到滑动面安全系数，应用各种优化算法和按照安全系数最小的原则确定最危险滑动面和边坡安全系数。基于有限元法计算边坡稳定性使用了与极限平衡法相同的计算步骤，能够获得与极限平衡法接近的最小安全系数和临界滑动面。显然这种方法仍保留了极限平衡理论中的某些不足。

2. 强度折减方法

Duncan[38]指出边坡的安全系数可以定义为：使边坡刚好达到临界破坏状态时，对土体的剪切强度进行折减的程度，即定义安全系数是土的实际剪切强度与临界破坏时折减后剪切强度的比值。Zienkiewice[39]曾利用这种强度折减技术进行边坡稳定分析，该技术特别适合用有限元（FEM）以及有限差分（FDM）等数值计算方法来实现，大体思路是：先利用有限元法或者有限差分法，考虑土体的非线性应力应变关系，求得边坡内部每一计算点的应力应变以及变形，通过逐渐降低土体材料的抗剪强度参数，直至边坡达到临界破坏状态，从而得到边坡的安全系数。在强度折减理论被提出来之后，有限元法在边坡稳定分析中的应用得到了迅速发展，Ugai[40,41]、Matsui[42]、Griffiths[43]、连镇营[44]、赵尚毅[45,46]、张鲁渝[47]、迟世春[48]、郑颖人[49]、邓建辉[50,51]都对强度折减法进行了研究。利用强度折减技术进行边坡稳定分析与实际的边坡失稳过程较为吻合，大部分边坡失稳都是由于土体材料的抗剪强度降低所致。这样不仅可以了解土工结构物随抗剪强度恶化而呈现出的渐近失稳过程，还可以得到极限状态下边坡的失效形式。随着计算机技术的发展和数值计算技术的提高，强度折减分析方法正成为边坡稳定分析研究的新趋势。但是目前该法在如何描述土体临界状态上尚不统一，如何确定濒临临界状态时土体的本构模型还存在较大困难。

1.3 临界滑动面搜索方法

由前述论证可知，无论是极限平衡法还是基于有限元应力场的边坡稳定分析方法都需要从众多可行的滑动面中找出最危险的滑动面（亦称临界滑动面），所以一般的边坡稳定分析工具要求分析者计算前输入滑动面的位置，这对分析者的理论水平和工程经验提出了较高的要求。对于比较复杂的边坡，即使是经验丰富的分析者也难以预先准确指定临界滑动面的位置。因此，从 20 世纪 70 年代后期开始，很多学者致力于临界滑动面搜索技术的研究，提出了临界滑动面的搜索方法。他们提出了各种不同的搜索方法，用来确定圆弧或非圆弧的临界滑动面，Fellenus 靠作滑弧圆心的安全系数等值线来求得临界滑动面，对于圆弧滑动面，"穷举法"是最古老的一种方法，但是其计算量庞大，对于复杂的土坡很难找到最小安全系数对应的滑动面。王成华[52]、孙涛[53]对边坡稳定分析中的临界滑动面搜索方法作过系统介绍，王成华[52]将这些方法大致分为 5 类，本文划分为 6 类：变分法、模式搜索法、数学规划法、动态规划法、随机搜索法、人工智能方法，也可分为两大类：确定性搜索算法和随机性搜索算法，下面做详细介绍。

1.3.1 变分法

变分法是一种解析方法，它将滑动面、正应力的分布、条间力的分布都看成变量，边坡稳定的安全系数 F 看成这些变量的泛函，利用变分法求得使安全系数达到极小值的临界滑动面及应力分布。从数学上来讲较为复杂，尤其是难以考虑复杂的土层和地下水情况，应用范围十分有限。Baker 和 Garber[54]；Castillo 和 Revilla[55,56]；Ramamurthy[57] 都曾致力于变分法的研究。虽得出一些有用的结论，但同时发现其间存在着很大的问题，Castillo 和 Revilla 在他们的计算中，对一个 $\phi=0$ 的简单土坡，发现他们得出的结果比众多研究者已经确认正确的结果小了 30% 之多。De Josselin 和 De Jong[58] 也曾对变分法的这种应用理论的正确性和分析问题的局限性提出了质疑。

由于变分法从理论到实际应用结果均存在问题，使之在边坡稳定分析方面尚处于低潮时期，对边坡稳定分析理论带来的实质性提高也很小。然而借鉴变分法把安全系数看成是临界滑动面 $y(x)$ 泛函的思想，再与极限平衡法理论相结合，为临界滑动面搜索的数值方法带来新的启示。

1.3.2 固定模式搜索法

固定模式搜索是搜索点或搜索过程在搜索进行之前就已经明确限定的一种搜索方法，主要包括区格搜索法、模式搜索法、二分法等。

1. 区格搜索法

区格搜索法实际上就是枚举法，它原理简单，是早期计算机辅助边坡稳定分析中常用的一种方法。Siegel[59] 对这种方法进行了详细的论述。其基本思想是把搜索区域按一定的精度划分成满布区格形式，然后对每一个区格点计算其安全系数，取最小值点对应的滑动面为临界滑动面，其对应的安全系数即为最小安全系数。该方法由于搜索点在搜索进行之前就已确定，因此不会受安全系数函数形态的影响，也不会陷入局部极小值。但该方法搜索范围广、计算量大、精度提高只有靠提高区格的划分精度、成倍增大计算量来实现，而且通常只用于对圆弧滑动面的搜索。

2. 模式搜索法

模式搜索法主要采用了探测、移动两种策略来搜索解空间。所谓探测，即找到比当前解更好的解，移动就是在这两个解的连线上再次寻找更好的解。以二维问题为例，其搜索步骤通常是，随机给定一个起始点，计算其安全系数；然后以该点为中心，以一定的步长在其上下左右各确定一点，计算这四个点的安全系数，如果这些点中有安全系数值小于中心点的点，即探测到更好的解，Lefebvre[60]和Huang[61]没有采取移动策略，而仅仅以安全系数最小点为中心点，以相同的步长重复上述过程，直到外围点没有安全系数再小点为止。这时减小步长为原来的一半，如此进行下去，直到步长达到相应的精度要求为止。莫海鸿[62,63]采取了探测、移动两种策略，对中心点每一格搜索方向都进行了一次探测，以确定下一个中心点移动的方向，而不是对中心点每一侧都进行计算，该方法突破了搜索区域的限制。这类方法一般是用来确定圆弧滑动面，也可扩展到多维问题以搜索非圆滑动面。该法的搜索点是在搜索过程中产生的，容易陷入局部极小点，对于土层和地下水等情况复杂的土坡，运用该法分析时，应根据搜索区域选择不同的搜索起点，多次运行比较，以确保最后结果的可靠性。

3. 二分法

二分法在搜索区域 $x \in [a, b]$ 的搜索过程为：首先确定搜索中心点，$x_1 = \dfrac{a+b}{2}$，四等分搜索区域，即 $s = (b-a)/4$，另外两个等分点为 $x_2 = x_1 + s$，$x_3 = x_1 - s$，然后对三点计算各自的安全系数，选择安全系数最小点为新的搜索中心点，搜索半径减为原来的一般，重复上述步骤，直到步长达到相应的精度为止。江见鲸[64]在其"土建工程实用计算程序选编"中选用了该搜索方法。由于该方法具有搜索效率高、收敛速度快的特点，后来又被广泛应用于圆弧滑动面的搜索。马忠政[65]根据多级边坡圆弧滑动面的特点，改进了二分法的搜索方式，进行三向搜索，对多级边坡圆弧滑动面的搜索取得了较好的效果。

虽然二分法有以上优点，但这仅是对简单边坡而言，对于复杂边坡，安全系数对应的目标函数呈复杂形态，其致命缺点就是易陷入局部极小值，对于多峰的安全系数函数形态，搜索极易陷入局部极小值点，从而难以搜索出真正的临界滑动面。

4. 单形体映射法

单形体映射法是一种有效的非推演搜索极小值过程，它用具有一定几何形状的点集在解空间的映射翻转来代替一系列指定方向的搜索极小值过程。Nguyen[66]，De Natale[67]分别采用了单形体映射法来搜索最小安全系数对应的滑动面。该法的思路是：对于一个 n 维解向量空间，首先定义 $n+1$ 个相互间距相等的点构成单形体，如果是二维空间，单形体为等边三角形。然后计算各顶点的安全系数值，淘汰一个最差点，而代之以其在对立面上的映射点，形成新的单形体，重复上一过程，直至各点安全系数的均方差小于某一给定的小值，其中最小点对应的滑动面即为临界滑动面。该法的最大缺点是：当形体边长变得不够小或精度要求较高时，其计算一般不收敛。另外该法与前面的二分法、模式搜索法一样，易陷于局部极小值。基本复合形法就是在单形体映射法的基础上发展而来的，它对初始搜索形体的几何形状不作限制，对于 n 维解向量空间，定义 $n+1 \leqslant k \leqslant 2n$ 个点构成初始复形，然后在最差点及其他顶点的几何中心点连线上搜索一个点替换掉最差点，不断重复直至收敛。李亮等在分析基本复合形法搜索弊端的基础之上，提出了改进的复合形法以及混合复合形法，提高了基本复合形法的搜索效率[162-164,168,169,171,175,178,179]。

1.3.3　数学规划法

　　该法借鉴变分法的思想，把滑动面 $y(x)$ 看成一个变量，安全系数视为滑动面的泛函。该法一般需对目标函数进行求导，以确定滑动面沿梯度下降方向移动，从而求得安全系数极小值。在线性—非线性规划方法中，不同研究者根据具体问题采用不同的移动方法。Celestino 和 Duncan[68]应用了单点定向移动法，Aria 和 Tagyo[69]采用了共轭梯度法，Li 和 White[70]则在前者研究的基础上提高其搜索效率，阎中华[71]采用了黄金分割法，周文通[72]采用了鲍威尔法，孙君实[73]采用了复合形法（无需对目标函数求导）。实际分析表明，在现阶段对于较为复杂的边坡，采用任何单一搜索方法所得出结果的精度或可信度以及效率情况尚难以判断。因此，对于同一边坡采用多种临界滑动面搜索方法是必要的和值得提倡的。Yamagami 和 Ueta[74]采用了单纯形法、鲍威尔法、DFP 法和扩展的 DFP 法即 BFGS 法等四种方法对同一土坡的临界滑动面进行了搜索和对比分析，并且探讨了初始估计的滑动面位置、滑动面的自由度数以及安全系数的定义等对临界滑动面的影响；陈祖煜和邵长明[75]也分别采用了单纯形法、负梯度法、DFP 法；Greco[76]分别采用了单纯形法、单点定向移动法、最速下降法、鲍威尔法以及模式搜索法等五种方法对同一土坡进行了对比分析，研究了各方法迭代计算的收敛速度及其影响因素，如滑动面移动步长。这些对比分析表明，临界滑动面位置的误差大致在 $10\%\sim20\%$ 之间。邹广电[77]也采用数学规划法对复杂土坡进行了分析，取得了很好的效果。由于该方法大部分移动策略需对目标函数进行求导运算，所以使计算过程变得非常复杂，当自由度数过多（大于 7 个），搜索结果将变得异常粗糙，尤其是对于复杂土坡情况，该法易于陷入局部极小值。

1.3.4 动态规划法

动态规划法把临界滑动面的确定看成是一个多阶段的决策过程。其理论基础是 Bellman 的最优原理"一个最优策略有这样的特性，不论初始状态和初始决策如何，相当于第一个决策所形成的状态来说，余下的决策必定构成一个最优策略"。该法无需对目标函数求导。对于二维边坡，它利用一系列竖直线将滑体分成多个阶段，每个阶段（竖直线）上分布许多点称为状态，沿滑动方向在每个阶段上选取一个状态点，顺序连接即可得到一条可能滑动面（该法本质上是一个搜索全局最小的策略）。其搜索过程不会受到局部极值点的干扰，然而由于这种方法只适用于目标函数形式为可分的费用函数形式，需要对目标函数进行变换，变换后的目标函数的极值将对应变换前的安全系数的极值，动态规划法搜索结果为变换后的目标函数的全局最小点，该点是安全系数的极小值点，但不能确保就是全局极小值点。为了求得滑动面的入口、出口点，该法需要在实际坡体外设置虚拟状态点，这些特殊处理通常会给计算带来不便。

虽然存在上述缺陷，但实践表明该法还是一种比较实用、合理、高效的搜索方法。Baker[78]首先采用了动态规划法结合 Spencer 法来确定非圆弧临界滑动面和最小安全系数。曹文贵和颜荣贵[79]结合 Janbu 法采用了类似的搜索方法，并取得了较满意的结果。Yamagami 和 Jiang[80]则按三维简化 Janbu 法结合随机数生成技术，首次将动态规划法应用于三维边坡的稳定分析。Yamgami 和 Ueta[81]较早根据非线性有限元法计算出的应力场，按动态规划法搜索成层土坡内的临界滑动面。在这一工作中，将动态规划法的阶段和状态点与应力分析所采用的单元网格相同，为了求得土体表面处单元节点间可能存在的滑动面起始点和终止点，在实际土坡范围外设置虚拟计算单元。Zhou 和 Williams[82]在有限元分析结果基础上，通过另设阶段和状态点而不利用已有的单元网格，运用动态规划法对临界滑动面进行搜索并计算相应的最小安全系数，得出了比较理想的结果。史恒通[83]在采用 Duncan—Chang 模型按总应力法对土坡进行变形与稳定分析中，采用了类似的动态规划搜索过程。针对多种复杂土坡情况，史恒通将按动态规划法的搜索结果与二分法的计算结果进行了对比分析，证明了动态规划法有较好的适用性而二分法有较大误差。金小惠[84]在饱和开挖土坡的有效应力法分析中，运用动态规划法跟踪追查临界滑动面随时空的变化，也取得了较为满意的结果。

1.3.5 随机搜索法

随机搜索方法可分为随机产生法和随机修改法。随机产生法就是随机地产生巨大数量的一系列潜在滑动面，分别进行计算比较，其中安全系数最小的滑动面认为临界滑动面。Boutrop 和 Lovell[85]；Siegel[86]均采用过这种方法。随机修改策略是在现有最优解基础上进行微小的随机修改，然后把新滑动面与原来滑动面进行比较，依次进行下去。Greco[87]，Abdallah 和 Waleed[88]采用了这种修改策略，从搜索效率而言，修改策略比随机产生方法要高。随机搜索方法理论简单、易于编程计算。该法的最大缺点是计算量大，当自由度数较多时，不可能用该方法搜索出最危险滑动面。陈祖煜[89]把随机搜索与数学规划方法结合起来，鉴于数学规划方法易于陷入局部极值的情况提出了置信区间的概念，认为数学规划法搜索起始滑动面落入这个区间，其搜索的最终结果就会趋于全局极小值点。其采用一定搜索次数的随机搜索，保证概率置信区间滑动面会按一定概率出现，再把随机搜索结果作为数学规划方法搜索的起始滑动面。该法的一个问题是，虽然以一定概率保证了置信区间滑动面会在随机搜索中出现，却难以保证该滑动面就是随机搜索的最佳值，就能选为数学规划方法搜索的起始滑动面。

1.3.6 智能方法

由于电子计算机的普及给边坡稳定分析带来了新的契机。

使那些原来只能以成熟的理论形态存在的"先进"方法，通过使用电子计算机而真正在实际工程问题的分析中得到应用。随着计算技术和计算手段的进一步发展，将会有更多的新搜索方法涌现。目前在临界滑动面搜索中最常用的人工智能方法就是遗传算法，除此之外还包括模拟退火算法和仿生算法。

1. 遗传算法

该法由美国 holland[90]教授提出，现已经被广泛地应用于许多领域。是一种公认的全局搜索能力强、搜索效率高的算法。该法仿效生物的遗传和进化，从某一初始群体出发，根据达尔文进化论中的"生存竞争"和"优胜劣汰"的原则，借助复制、杂交、变异等操作，不断迭代计算，经过若干代的演化后，群体中的最优值逐步逼近最优解，该法也称为进化算法。

肖专文[91,92]在简单条分法的基础上，采用遗传算法对边坡的圆弧滑动面进行了搜索，并与二分法比较，得出了满意的结果，但他仅仅将圆弧滑动面圆心的 x，y 坐标视为优化变量，每一个圆心对应地给出一定数量的半径，应该将这三个变量均视为优化设计变量来求得问题的解。Anthony[93]结合滑动楔体理论，运用遗传算法对多折线形式滑动面进行搜索，也得出了有意义的结论。弥宏亮[94]采用遗传算法对土坡的非圆临界滑动面进行了搜索，得出了较好的结果。周杨等[95]利用遗传算法对土坡的非圆临界滑动面进行了搜索，首先在边坡横断面内确定若干条直线段，让决定滑动面的控制点在这些直线上产生，但是对随机生成的大量不可行滑动面没有给出处理的对策。邹万杰等[96]采用简化毕肖普法计算给定圆弧滑动面的安全系数，以圆弧滑动面圆心两个坐标以及坡脚滑出点的 x 坐标为优化变量，采用遗传算法对一斜拉码头边坡进行了分析。陆峰等[97]采用遗传算法对天生桥二级电站首部枢纽进水口右岸滑坡进行了分析。聂跃高等[98]采用加速遗传算法进行边坡稳定分析。应用遗传算法求解具体优化问题时，往往会由于选择压力过大而发生早熟收敛现象，即群体中所有个体趋于一个局部极优值。为此朱福明[99]等将小生境技术引入遗传算法来搜索土坡最小的安全系数以及对应的临界滑动面，由于小生境技术的引入增加了群体的多样性从而在一定程度上降低了选择压力，使算法搜索到全局最优值的概率加大。丰土根[100,101]利用遗传算法与改进的加速遗传算法来进行边坡抗震稳定分析，所谓的改进遗传算法，它主要通过逐步缩小遗传算法搜索的解空间达到的。甘卫军[102]利用遗传算法对黄土斜坡的临界滑动面进行了搜索。目前应用遗传算法分析土坡稳定时，应该将增加解的多样性和合理的选择下一代个体作为重点研究的对象。李亮[172,173,182]分别提出了引入和声策略的遗传算法、新型遗传算法以及禁忌遗传算法，并在边坡最小安全系数搜索中进行了验证。

2. 模拟退火算法

模拟退火算法通过模拟高温金属降温的热力学过程，形成了一种随机组合优化方法。模拟退火在进行优化时先确定初始温度，随机选择一个初始状态并考察该状态的目标函数值，然后对当前状态施加一个小扰动，并计算新状态的目标函数值，以概率1接受好点，以某种概率Pr接受较差点作为当前点，直到系统冷却。模拟退火算法中的参数对计算结果影响很大，如何合理确定参数还有待于进一步研究。李守巨等[103]利用模拟退火算法对一个二层土坡进行了稳定分析，其间在给出初始温度确定方法的同时又引入其他不易确定的参数，仍然没有很好地解决退火参数的选择难问题。何则干[104]采用遗传算法与模拟退火算法的结合来分析土坡稳定性，其大体思路是：在遗传算法的每一次迭代中，将遗传算法产生的每一子代作为退火算法的初始状态，并进行一次退火计算，得到的新解又参与到遗传算法的选择过程中，该法将遗传算法较强把握搜索总体的能力与模拟退火算法较强的局部搜索能力结合起来，利用不同算法的各自优势来构建混合算法是解决复杂优化问题的一条可行途径。

3. 仿生算法

仿生算法通过模拟自然界其他生物特有的生活习性来求解

优化问题。譬如蚁群算法、粒子群算法等。李亮等在基本和声搜索算法的基础之上，提出了基于修复策略的改进和声搜索算法[165,166,174,192]、混沌和声搜索算法[170]、新型和声搜索算法[183]、张慧等[105]运用粒子群优化方法和简化毕肖普法求解边坡的最小安全系数，陈昌富[106,107,108]等则利用改进的遗传算法和自适应蚁群算法及混沌扰动启发式蚁群算法进行土坡稳定分析取得了较好的效果。王成华[109,110]采用改进的遗传算法、蚁群算法，结合土坡有限元分析的应力场，对圆弧形、非圆弧形滑动面进行了搜索，得出了较好的结果。高玮[111]则以免疫进化规划方法为优化工具，以滑动面上关键点坐标作为优化参数，以滑坡稳定性安全系数作为优化目标进行研究，提出了一种进行任意滑动面搜索的新方法。Cheng Y. M. 等提出了改进的和声搜索算法[185,190]、粒子群算法[187]、鱼群算法[188]并对六种常见的仿生算法进行了对比分析[186]。Cheng Y. M. 等综合粒子群算法和和声搜索算法的算法优势提出了混合搜索算法，并将该混合搜索算法用于复杂岩土工程问题[189]。李亮等提出了不连续飞行粒子群优化算法[193]、禁忌鱼群算法[177]、基于和声策略的粒子群优化算法[191]、混合粒子群算法[176,180]、改进的粒子群算法[181]用于搜索二维边坡的最小安全系数，通过与已有文献结果的比对，证明了所提方法的有效性。

在二维极限平衡安全系数计算法已臻成熟、完善的条件下，二维最危险滑动面的搜索策略（方法）仍需进一步努力。譬如传统的搜索方法如面积细分法[112]、坐标轮换法[113]、二分法、区格搜索法、经验方法[114]很容易陷入局部最小值，而共轭梯度法等需要目标函数导数信息的搜索策略又极不适于土坡最小安全系数的搜索，最近发展的智能算法如遗传算法、模拟退火算法等虽然具有跳出局部极小的能力，但是它们的计算参数不易确定，而且在局部搜索方面稍显不足。复合形法[115~120]是工程中常用的一种直接求解方法，它既不需要目标函数的导数信息，又能处理约束问题，但是它对于初始复形的依赖性很大，本文拟结合智能算法与复合形法联合求解复杂土坡的最小安全系数。另外，在非圆临界滑动面搜索的文献[108~110]，没有给出如何处理不可行滑动面的策略，本文提出了修复策略来修复不可行的滑动面以更高效的搜索全局最小安全系数及其对应的临界滑动面。另外，随着计算机技术的发展，基于潘家铮极大、极小值原理[6]，应用优化方法来分析土坡稳定性的时机已经成熟，本文也在这方面作了较为深入的研究。综上可见，众多研究者分别采取不同假定，推导得到了不同的安全系数计算方法，唯一不足之处就是，三维临界滑动体的确定没有得到足够的重视。国内，仅陈祖煜[121,122]曾基于上限定理提出了三维边坡稳定分析方法，其间提出了采用模拟退火和随机数法来搜索最危险的滑动体，而且提出了构建三维滑动体的一般方法。其主要思路为在假定的中性面上采用二维滑动面的构建方法形成一条滑动面，然后在垂直中性面方向上按假定的函数扩展形成滑动体，事实上，对于一般的工程应用，椭球体更易于被工程人员掌握，另外三维极限平衡法下由于优化变量个数的大量增加，如何构建快速搜索算法成为首要解决的难题之一。

1.4　本书主要工作

基于以上论述，本书主要在以下方面开展了工作：

1. 假设滑动面为圆弧，针对工程中常用的复合形法全局搜索能力不强的问题，将新近发展的蚁群算法、粒子群算法、模拟退火算法融入复合形法中，利用各自的优势构建混合复合形法来提高算法的全局搜索能力；

2. 对基本复合形法全局搜索能力较弱的原因进行了探讨，认为基本复合形法寻优策略仅仅考虑了目标函数值的改进，而忽略了保持复形顶点的多样性，利用共享度、复形相似距、复形中心距来度量复形的多样性，提出了多样复合形法；在复形顶点及其剩余顶点的几何中心点上构建伪梯度，利用最大伪梯度对应的顶点来搜索改善顶点提出了最大伪梯度的多样复合形法；基于最大熵原理，利用复形中熵最大的顶点来搜索改善点，提出了最大熵原理的复合形法；此外结合禁忌策略，利用基本复合形法搜索新解的方式，提出了禁忌退火复合形法以及禁忌鱼群算法。

基于对于任意形状滑动面常规模拟策略的深刻分析，提出了一种修复策略代替惩罚策略来处理搜索过程中可能出现的不可行滑动面，此外，提出了三种新型的模拟策略，在搜索算法方面，改进了最新的和声搜索算法来确定非圆临界滑动面，综合利用粒子群算法与和声算法的优势构建了几种混合搜索算法来确定多条块数下土坡的最危险滑动面。

2 条分法程序设计

随着近代数值分析技术的进展，边坡稳定分析的极限平衡分析方法已经发展到十分成熟的程度。但是，随之出现的问题是，极限平衡分析法的步骤须通过计算机程序才能得以实现。而现状是，尽管土力学的理论和实现这些理论的工具和手段均十分先进，岩土工程许多应用软件仍然处于起步状态[123]。目前国内可应用于边坡稳定分析的软件主要是陈祖煜教授[1]开发的 Stab95、同济启明星 Slope 以及理正岩质边坡稳定分析等软件。

2.1 几何图形的识别与分析

为了使程序能分析各种不同剖面的土坡，就要像有限元分析软件一样，将土坡离散成单个的节点与线段（本文局限于二维土坡），通常坡体并非均质，而是由若干个物理力学指标不同的土质区域组成。如图 2-1 所示的坡体由 3 个土质不同的区域组成，控制点 11 个，边界线 13 条。图中虚线所示的第 i 个土条跨越了 3 个不同的土层。土条的左边界线与坡体的 2 个边界线（[2]、[7]）分别相交于 L_1、L_2 两点；土条的右边界线与坡体的 3 个边界线（[2]、[7]、[8]）分别相交于 R_1、R_2、R_3 三点；土条底部（也即第 i 段滑动面）与坡体的 1 个边界线（[8]）交于 M_1 点。四边形 $L_1L_2R_2R_1$ 围成的部分土条位于 I 区，五边形 $L_2AM_1R_3R_2$ 围成的部分土条位于 II 区，三角形 M_1BR_3 围成的部分土条位于 III 区。在图解法中，所有这些依靠人的直观操作是很容易判断和量测到的。编制程序的关键在于，如何让计算机代替人判断土条左、右边界线以及土条底面与坡体的哪些边界线相交，哪些交点围成的多边形位于同一个区域以便于计算土条的自重。借鉴陈祖煜 Stab95 软件编程思想[1]，我们采取如下办法：让计算机对所有的边界线循环一遍，逐个判断每一坡体边界线是否与土条左、右边界线以及土条底面相交，如相交，则记录该点的坐标以及该坡体边界线的序号，此外还须判断哪些边界节点落入条块中间，譬如在计算第 $i+2$ 条块时，节点 3 就必须参与进来才能准确地计算该条块的重量。另外为了便于判断哪些交点围成的多边形位于相同土层内，每一个坡体边界线都要有所压土层号、上覆土层号两个信息，并且位于同一坡体边界线上的所有点均有相同的所压土层号、上覆土层号信息，这样，根据求得的所有交点以及 A、B 两点的所压土层号、上覆土层号信息就可以判断出位于同一土层中的多边形，将得到的多边形划分成多个三角形，然后由海伦公式（2.1）就可求得多边形的面积，进而得到土条的自重。

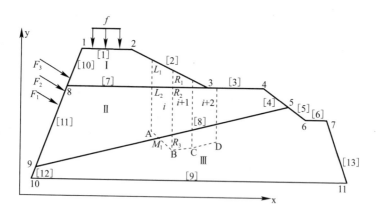

图 2-1　土坡坡面离散示意图

$$area = \sqrt{s\,(s-a_1)\,(s-a_2)\,(s-a_3)} \qquad (2.1)$$

式中：$s = \dfrac{a_1+a_2+a_3}{2}$，$a_1$、$a_2$、$a_3$ 为三角形三条边的长度。

这一对几何图形进行处理的方法，不仅充分利用了计算机可进行大量重复判断的特点，而且对陈祖煜教授的编程思想进

22

行了完善。陈教授仅利用条块中心线进行判断，根据与条块中心线相交的边界线个数就可判断出共有几个四边形用于计算土条的重量，土条宽度固定取为左右边界线的水平距离。该法虽简单，但对于形状不规则的条块其计算误差很大，对于第 $i+1$ 条块，陈教授策略与本文程序计算结果相差不大，而对于第 $i+2$ 条块，陈教授策略里，最上面的三角形面积就有可能不被计入，而本文使用左右两边界线来判断，将多边形划分成几个三角形来计算条块的重量，结果更加精确。

另外用拟静力法分析土坡抗震稳定性时，需确定土条的重心，所以在计算土条自重的过程中还要计算土条的重心（形心）。在本文程序计算过程中，主要是编制三角形形心的求解子程序。设某条块共跨越 p 个土层，第 i 个土层内多边形可划分成 I 个三角形，其重量记为 Tr_{ij}，$j=1,2,\cdots\cdots I$；$i=1,2,\cdots\cdots,p$，对应的形心记为 x_{ij}，y_{ij}，则该条块的形心可记为：

$$X_c = \frac{\sum\limits_{i=1}^{p}\sum\limits_{j=1}^{I} x_{ij}\,Tr_{ij}}{ATOTAL} \qquad Y_c = \frac{\sum\limits_{i=1}^{p}\sum\limits_{j=1}^{I} y_{ij}\,Tr_{ij}}{ATOTAL} \qquad (2.2)$$

其中：$ATOTAL = \sum\limits_{i=1}^{p}\sum\limits_{j=1}^{I} Tr_{ij}$ 为条块的总重量，X_c、Y_c 为条块形心的 x，y 坐标。另外还必须求解条块底部的平均黏聚力 c_{eq} 及内摩擦角 φ_{eq}，以及条块两侧的平均黏聚力 c_{ev} 及内摩擦角 φ_{ev} 用于计算条底、条块界面所能发挥的抗剪强度。如图 2-2 所示，设共有 q 条边界线穿越条块底部，其与条底（线段 AB）交点记为 O_j，$j=1,2,\cdots\cdots,q$，则条底就被分成 $q+1$ 条线段，记为 L_1，L_2，$\cdots\cdots$，L_{q+1}，每条线段均对应着各自的强度参数，记为：c_i，φ_i，$i=1,2,\cdots\cdots$，$q+1$，则 c_{eq} 及 φ_{eq} 定义为：

$$c_{eq} = \frac{\sum\limits_{i=1}^{q+1} c_i L_i}{\sum\limits_{i=1}^{q+1} L_i} \qquad \varphi_{eq} = \frac{\sum\limits_{i=1}^{q+1} \varphi_i L_i}{\sum\limits_{i=1}^{q+1} L_i} \qquad (2.3)$$

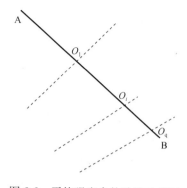

图 2-2 平均强度参数计算示意图

另外，土坡还有可能承受外荷载，譬如土石坝坝坡承受的水荷载、坡顶的垂直荷载等。图 2-1 中 f 为垂直均布荷载，F_1，F_2，F_3 为集中作用力。在本程序中，可判断是否有垂直荷载或均布荷载作用于每个土条上，分别记录各集中荷载的作用位置、均布荷载的作用点，以便于计算这些荷载对滑动面圆心的力矩。

2.2 滑动面的构建

2.2.1 圆弧滑动面

目前圆弧滑动面仍然是最常见的假设潜在滑动面形状。本文程序中，必须给出设计向量 $\mathbf{X}=(x_o，y_o，R)$ 或者 $\mathbf{X}=(x_o，y_o，x_{out})$ 中每个变量的大致取值范围。由每个变量取值区间所包围的超立方体称为搜索域。搜索域越大，对算法的全局搜索能力就越高，反之，则有可能漏掉真正的全局最小值。目前最常用的方法是假设几组不同的搜索域，分别进行求解，然后比较，将最好的结果作为最终结果。程序在搜索时，每得到一组设计向量值，都要判断该向量值确定的圆弧是否可行。设当前圆弧滑动面方程为：$(x-x_o)^2+(y-y_o)^2=R^2$，第 i 条边界线的方程为 $y-y_k=\dfrac{y_k-y_j}{x_k-x_j}(x-x_k)$，其中 k，j 为第 i 条边界线两端节点号。

可如下确定第 i 条边界线与当前圆弧的关系：

首先由式（2.4～2.6）计算 Δ 值：

$$\tan t = \frac{y_k - y_j}{x_k - x_j} \quad \text{con}s = y_k - y_o - \tan t \times x_k \qquad (2.4)$$

$$xsa = 1.0 + \tan t^2 \quad xsc = x_o{}^2 + \text{con}s^2 - R^2 \quad xsb$$
$$= 2.0 \times \tan t \times \text{con}s - 2 \times x_o \qquad (2.5)$$

$$\Delta = xsb^2 - 4xsa \times xsc \qquad (2.6)$$

若 $\Delta < 0$，则第 i 条边界线与当前滑动面远离；若 $\Delta \geqslant 0$，则计算其交点为 x_{s1}，y_{s1}、x_{s2}，y_{s2}，根据以下条件判断第 i 条边界线与当前圆弧滑动面之间的关系：

$$\begin{cases} x_{\min} \leqslant x_1 \\ x_{\max} \geqslant x_2 \end{cases} \qquad \text{圆弧滑动面包含第 } i \text{ 条边界线}$$

$$\begin{cases} x_{\min} \leqslant x_1 \\ x_{\max} \leqslant x_2 \\ x_{\max} \geqslant x_1 \end{cases} \text{或} \begin{cases} x_{\min} \geqslant x_1 \\ x_{\max} \geqslant x_2 \\ x_{\min} \leqslant x_2 \end{cases} \qquad \text{圆弧滑动面与第 } i \text{ 条边界线相交}$$

其中 $x_{\min} = \min \ (x_{s1}, \ x_{s2})$，$x_{\max} = \max \ (x_{s1}, \ x_{s2})$，$x_1 = \min \ (x_k, \ x_j)$，$x_2 = \max \ (x_k, \ x_j)$

判断当前圆弧滑动面是否可行的步骤如下：

（1）从所有边界线中选择出基岩轮廓线（所压、上覆土层号里面有 -1 的边界线），并逐一判断当前圆弧是否与其相交，若相交，则该圆弧滑动面不可行；

（2）从所有边界线中选择出外围轮廓线（所压、上覆土层号里面有 0 的边界线），并逐一判断其与当前圆弧的状态（被包含、相交、远离）；

（3）对每条边界线（所压、被压土层号里面有 0）进行判断，其与圆弧的状态（包含；相交；远离）；

（4）选择出所有与圆弧滑动面关系为被包含或相交的边界线之间的边界节点（譬如图 2-3 中的 i，j，k 三点），并逐一判断其是否均在圆弧滑动面内，若否，则当前圆弧滑动面不可行；

（5）若所有外围轮廓线全被包含或者只有一个相交则滑动面也不可行。

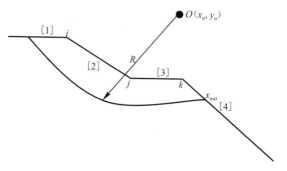

图 2-3　圆弧滑动面构建示意图

2.2.2　任意滑动面

大量工程失稳的实例表明，对于土性复杂、剖面多变的土坡而言，其破坏时的滑动面远非圆弧，所以本文还必须模拟任意形状滑动面。临界滑动面的搜索需要高效率的搜索算法和有效的滑动面模拟策略两方面共同协作，综合文献发现，学者们对滑动面尤其是任意滑动面的模拟策略研究较少，忽略模拟任意滑动面策略的研究将会对稳定分析结果产生一定影响。对于任意滑动面的建构，陈祖煜教授[1]采用三次样条函数光滑连接若干点来模拟。在综合分析常规策略的基础上提出了三种新型模拟策略[184]，下文还介绍了中国香港地区郑榕明[124]博士提出的模拟策略并在其基础上提出了改进策略。所谓常规策略是指采用若干个点的直线连接进行的，具体如下：

根据土坡剖面资料，滑动面的滑入、滑出点（见图 2-4 中的A、B 点）可仅通过其 x 坐标来确定，则任一非圆滑动面可以用 $(x_A，y_A)$、$(x_1，y_1)$……$(x_{n-1}，y_{n-1})$、$(x_B，y_B)$ 等 $n+1$ 个点的直线连接来近似模拟，其中 y_A、y_B 可以根据土坡的剖面确定而不作为设计变量，x_1、x_2、……、x_{n-1} 可通过将 x_A、x_B 变量 n 均分得到，即 $x_j = x_A + j \times \dfrac{x_B - x_A}{n}$，$j=1$，2，……，$n-1$。因此任一非圆滑动面可由设计向量 $\mathbf{X} = (x_A，y_1，$

y_2，……，y_{n-1}，x_B）刻划，给定这 $n+1$ 个设计变量的具体值就可确定一非圆滑动面。

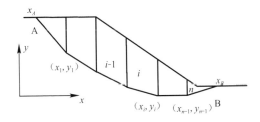

图 2-4   任意滑动面构建示意图

同圆弧滑动面一样，任意滑动面也存在着可行与否的问题，其约束条件表述如下：

$$\begin{cases} \alpha_{i-1} \geqslant \alpha_i ; \alpha_{i-1} - \alpha_i \leqslant \alpha^c \\ x_1 \leqslant x_A \leqslant x_u ; x_L \leqslant x_B \leqslant x_U \\ Y_{Li} \leqslant y_i \leqslant Y_{Ui}, i = 1, 2, \cdots\cdots, n-1 \end{cases} \tag{2.7}$$

式（2.7）中：x_1，x_u，x_L，x_U 分别为 x_A，x_B 搜索的下、上限；Y_{Li}，Y_{Ui} 为 y_i 搜索的下、上限，可由土坡的剖面和 x_i 确定；约束 $\alpha_{i-1} \geqslant \alpha_i$（记为约束 I），作用是保证滑动面不出现之字形尖角；约束 $\alpha_{i-1} - \alpha_i \leqslant \alpha^c$（记为约束 II），表征着滑动面相邻条块之间倾角的变化程度。

所谓修复策略，即将不合理滑动面修复为合理滑动面的策略。一般而言，在临界滑动面的搜索过程中采取惩罚策略来处理不合理滑动面，即赋予不合理滑动面一很大的安全系数（如1000.0），以使算法摒弃掉不合理的滑动面。而在非圆临界滑动面的搜索过程中，会产生大量的不可行滑动面，如图 2-5、图 2-6 所示，在图 2-5 中，第 i 与 $i+1$ 段滑动面违反了约束 I，其修复过程如下：

（1）将第 $i-1$ 段滑面延长至 $x=x_E$，其交点记为 2，若 $y_2 \leqslant Y_{Li}$，则 $y_2 = Y_{Li}$；

（2）将第 $i+2$ 段滑面延长至 $x=x_E$，其交点记为 3；若

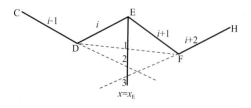

图 2-5　修复策略 I

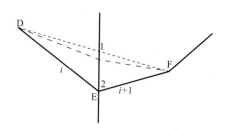

图 2-6　修复策略 II

$y_3 \leqslant Y_{Li}$，则 $y_3 = Y_{Li}$；

（3）将 D 点与 F 点连线交至 $x = x_E$，其交点记为 1，若 y_2，$y_3 \geqslant y_1$，则 $y_E = y_1$；若 y_2，$y_3 \leqslant y_1$，则 $y_E = \max(y_2, y_3) + (y_1 - \max(y_2, y_3)) \times rnd$；若 $y_2 \leqslant y_1$ 并且 $y_3 \geqslant y_1$，则 $y_E = y_2 + (y_1 - y_2) \times rnd$；若 $y_2 \geqslant y_1$ 并且 $y_3 \leqslant y_1$，则 $y_E = y_3 + (y_1 - y_3) \times rnd$；其中 rnd 为 [0，1] 之间的随机数。

在图 2-5 中可在 1、2 两点之间随机选取一新点作为 E，就可将第 i 与 $i+1$ 段滑动面修复合理，记为修复策略 I；

在图 2-6 中，若第 i 与 $i+1$ 段滑动面违反了约束 II，则可将 E 点由 2 点逐渐向上移动，直至第 i 与 $i+1$ 段滑动面符合约束 II，作为新点 E，记为修复策略 II。对每一违反约束的滑动面而言，由下列步骤将其修复成合理的滑动面。

（1）对滑动面上任一违反约束 I 的两段，采取修复策略 I 将其修复合理；直至整个滑动面不再违反约束 I；

（2）对滑动面上任一违反约束 II 的两段，采取修复策略 II

将其修复合理；直至整个滑动面不再违反约束Ⅱ。

为方便与下文提出的新型模拟策略比较，记修复策略Ⅰ为策略1，联合修复策略Ⅰ、Ⅱ记为策略2。

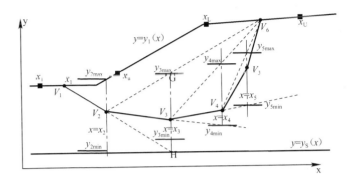

图 2-7　策略 3 示意图

郑榕明博士提出的模拟策略如图 2-7 所示，记为策略 3，以 5 个条块 6 顶点的滑动面为例，其基本思路为：同常规策略一样确定 x_1，x_2，……，x_6，然后在 $[y_{2min}, y_{2max}]$ 内随机确定 y_2；顶点 V_1V_2 连线交 $x=x_3$ 于 H 点，其 y 坐标为 y_H；类似地，顶点 V_2V_6 连线交 $x=x_3$ 于 G 点，其 y 坐标为 y_G，根据式（2.8）即可确定 y_{3max}，y_{3min}。同理可得到 y_{4max}，y_{4min}；y_{5max}，y_{5min}。

$$\begin{cases} y_{3max} = \min\{y_1(x_3), y_G\} \\ y_{3min} = \max\{y_s(x_3), y_H\} \end{cases} \quad (2.8)$$

式中 $y=y_1(x)$ 为边坡剖面线，$y=y_s(x)$ 为基岩线。显然除 $[x_1, x_u]$、$[x_L, x_U]$ 外，其余设计变量的上、下限不能预先给定，它们随 x_1，x_{n+1} 的取值以及条块数 n 而变化。这就给搜索方法的实现带来不便，因为大多数搜索方法均要求给定各设计变量的取值上、下限，本文中预先给定 $y_{imax}=1.0$；$y_{imin}=0.0$，$i=2$，……，5。采用设计向量 $\mathbf{Y}=(x_1, x_6, \eta_2, ……, \eta_5)$ 描述图 2-7 实线所示滑动面，在得到 x_1，x_6 后，利用式（2.9）映射得到设计向量 $\mathbf{X}$。

$$\begin{cases} y_i = y_{imin} + (y_{imax} - y_{imin}) \times \eta_i \\ 0 \leqslant \eta_i < 1; i = 2, \cdots, 5 \end{cases} \tag{2.9}$$

对于 n 条块滑动面，共需 $n+1$ 个变量模拟。

如图 2-8 所示，Zolfaghari[125] 采用相邻段转折角 θ_i 来模拟滑动面，其缺点是必须人为给定 θ_i 取值的最大最小值以便模拟不同形状的滑动面，借鉴郑榕明博士的思路，提出了改进的模拟策略，记为策略 4（如图 2-9 所示），策略 4 中 x_1，x_6 可首先在合理范围内随机给定，x_2，……，x_5 仍同常规策略一样地确定，然后在 β_1（顶点 $V_1 V_2$ 连线与垂直线的夹角）的取值范围 $[\beta_{1min}, \beta_{1max}]$ 内随机取值，即可确定顶点 V_2；顶点 $V_2 V_6$ 的连线与垂直线的夹角即为 β_{2max}，$V_1 V_2$ 连线交 $x=x_3$ 于 V'' 点，$x=x_3$ 交基岩 $y=R(x)$ 于 V' 点，两点较高者与顶点 V_2 的连线与垂直线的夹角即为 β_{2min}，在 $[\beta_{2min}, \beta_{2max}]$ 中随机给定 β_2 即可确定 V_3，如此类推，即可确定一条任意滑动面，该策略模拟任意滑动面，便于应用。对于 n 条块滑动面，共需 $n+1$ 个变量模拟，即 $\mathbf{Y}_1 = [x_1, x_{n+1}, \beta_1, \cdots, \beta_{n-1}]^{\mathrm{T}}$ 模拟。

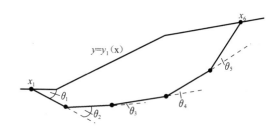

图 2-8　Zolfaghari 策略

本文提出的第一个模拟任意滑动面的新策略如图 2-10 所示，记为策略 5。同常在策略中，滑入、滑出点的 x 坐标 x_{n+1}，x_1 在相应的范围 $[x_L, x_U]$、$[x_1, x_u]$ 内随机给出，若仍像常规策略那样计算 x_2，……，x_n 会带来不便，因为该策略不像其他策略那样按顺序产生各条块，应将其视为优化变量，以 5 顶点 4 条块的滑动面为例，给定 β_1，β_5（其定义如图 2-10 中所指），就

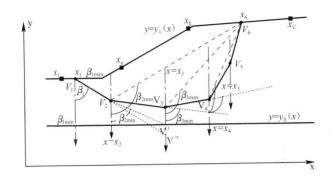

图 2-9　改进 Zolfaghari 策略

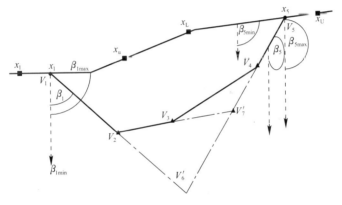

图 2-10　新型模拟策略 1

可确定中间顶点 V_6'，确定新条块的顶点须定义 δ_5 如下：

$$\delta_5 = \frac{V_2 - V_{16'}^\circ}{|V_6' - V_1| \times 0.5} \qquad (2.10)$$

式中 $V_{16'}^\circ$ 为 V_1 与 V_6' 连接线段的中点，$|V_6' - V_1|$ 表示 V_6' 与 V_1 之间的距离，$V_2 - V_{16'}^\circ$ 表示顶点 V_2 与中点 $V_{16'}^\circ$ 之间的"距离"，该"距离"有正负之分，若 V_2 在 $V_{16'}^\circ$ 左边则为负，反之为正。显而易见，若 δ_5 等于 0，则 V_2 与中点 $V_{16'}^\circ$ 重合，若 $\delta_5 < 0$，则 V_2 位于 $V_{16'}^\circ$ 左侧，反之位于右侧。优化算法通过变换 δ_5 的取值来模拟不同的 V_2 继而形成不同的滑动面，类似地可利用顶点

V_5 与 V_6' 定义 δ_6，进而确定条块的另一个顶点 V_7'。确定 V_2 与中间顶点 V_7' 后，就形成了 3 个条块，然后计算相邻两个条块的水平距离，在水平距离最大的两个相邻条块上，类似地利用 δ_7、δ_8 得到 V_3、V_4 两个顶点。图 2-10 中实线所示的最终滑动面是由 $[x_1，x_5，\beta_1，\beta_5，\delta_5，\cdots\cdots，\delta_8]^T$ 生成的。其中：$\delta_5，\cdots\cdots$，$\delta_8=0$。$-0.5 < \delta_i < 0.5$，$i=5，\cdots\cdots$，8。该法产生的滑动面自动满足约束 I，不需要修复。β_1，β_5 的最大最小值如图 2-10 中所示。策略 5 模拟滑动面时，对于 n 条块的滑动面，需要 $2n$ 个优化变量，即利用 $\mathbf{Y}_2 = [x_1，x_{n+1}，\beta_1，\beta_{n+1}，\delta_5，\cdots\cdots，\delta_{2n}]^T$ 来模拟。

本文提出的第二个模拟滑动面的新策略记为策略 6（如图 2-11 所示），其思路如下：滑入、滑出点的 x 坐标 x_{n+1}，x_1 在相应的范围 $[x_L，x_U]$、$[x_l，x_u]$ 内随机给出，如常规策略一样计算 $x_2，\cdots\cdots$，x_5，y_2 可在 $[y_{2min}，y_{2max}]$ 中随机产生，$(x_1，y_1)$ 点与 $(x_2，y_2)$ 点的连线与垂直线的夹角即确定了 β_2，类似的，$(x_1，y_1)$ 点与 $(x_{n+1}，y_{n+1})$ 点的连线与垂直线的夹角即确定了 β_{n+1}。在 $[\beta_2，\beta_{n+1}]$ 界限内，随机产生 $n-2$ 个值 $\beta_3'，\cdots\cdots$，β_n'，按从小到大顺序将其重新排列为 $\beta_3，\cdots\cdots$，β_n，由 $(x_1，y_1)$ 点和 β_i 可做直线并与 $x=x_i$ 相交，交点即为滑动面的第 i 个顶点 $(x_i，y_i)$，其中 $i=3，\cdots\cdots$，n，如此便可确定一条滑动面。对于 n 条块滑动面，可用 $n+1$ 个变量模拟，即 $\mathbf{Y}_3 = [x_1，x_{n+1}，y_2，\beta_3，\cdots\cdots，\beta_n]^T$。但该策略不能保证滑动面是合理可行的，会出现图 2-12 的情况。

对于 BCD 段之字形滑动面，在实际中是不可能出现的情况，可将 D 点移至 D'，修复后的 $ABCD'EF$ 作为新的滑动面，该修复策略得到的滑动面并不严格要求滑动面非凸。

提出的第三个模拟滑动面新策略如图 2-13 所示，记为策略 7，其思路是直接根据约束 I 来构建滑动面，以 6 顶点 5 条块的滑动面为例：同常用策略一样确定 x_1，x_2，$\cdots\cdots$，x_{n+1} 之后，y_2 可在 $[y_{2min}，y_{2max}]$ 中随机产生，则 V_1V_2 段的倾角为 α_1，直线

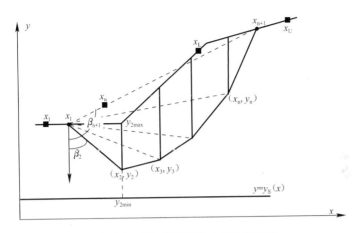

图 2-11 产生任意滑动面的新策略 2

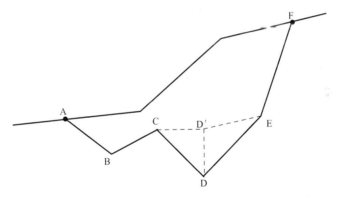

图 2-12 不可行滑动面修复策略

$x = x_5$ 与 $y = y_s(x)$ 的交点记为 V_e，则 $V_e V_6$ 之间的倾角记为 α_e，在范围 $[\alpha_1，\alpha_e]$ 之间随机生成 3 个倾角，然后按从小到大的顺序排列为 α_2，α_3，α_4，由顶点 V_2 开始，分别利用 α_2，α_3，α_4 即可生成 V_3，V_4，V_5 三个顶点，构成一条滑动面，对于 n 条块的滑动面而言，可用 $n+1$ 个变量来描述它，即 $\mathbf{Y}_4 = [x_1，x_{n+1}，y_2，\alpha_2，\cdots\cdots，\alpha_{n-1}]^T$。综上所述，除策略 5 外，其余策略在描述 n 条块滑动面时，变量个数 $m = n + 1$，而策略 5 中 $m = 2n$ 个变量。

33

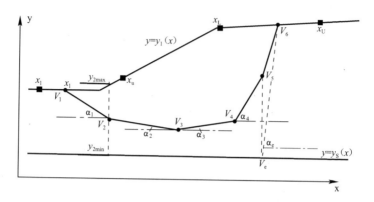

图 2-13　新型模拟策略 3

2.3　初始复形构建

由于本书第三、四章主要对圆弧滑动面假设下的复合形法进行研究，复合形法的基本概念就是初始复形——由多个可行解（顶点）构成的集合。本书首次对多个初始复形的搜索结果进行了比较研究，在每一搜索域下需给出 50 组初始复形。然而要给出 50 组初始复形顶点的分布，若每组初始复形由 6 个顶点构成，则要给出 300 个顶点，限于篇幅，本书仅给出生成初始复形顶点的程序伪代码如下：

for I＝1，300 （50 组初始复形的顶点总数）

Loop　$X_c＝l_1＋rand*(u_1－l_1)$

　　　　$Y_c＝l_2＋rand*(u_2－l_2)$

　　　R 或 $X_{out}＝l_3＋rand*(u_3－l_3)$

IF $(x_o，y_o，R)$ 或 $(x_o，y_o，x_{out})$ 确定的潜在滑动面可行 then 保存该点

else

go to Loop

end if

next I

本文中土坡算例共有 12 个，详细剖面见附录 A，对于土坡 1~7，给出 3 种搜索域，具体见附录 B。接下来介绍寻优成功率的概念。

若土坡 i 的最小安全系数为 Fs_i（50 组初始复形搜索到的最小值），若其第 j 组初始复形所能搜索到的最优值 s_j 满足下式（2.11），则称第 j 组初始复形寻优成功。σ 为给定的误差阈值。

$$\frac{|s_j - Fs_i|}{Fs_i} < \sigma \qquad (2.11)$$

寻优成功率定义为：η＝寻优成功的初始复形组数/初始复形总数。7 个土坡的最小安全系数（瑞典圆弧法）如表 2-1 所示。

土坡算例的最小安全系数   表 2-1

土坡号	1[91]	2[77]	3[126]	4[1]	5[1]	6[127]	7[100]
最小安全系数	1.300	1.350	1.227	1.210	1.410	0.426	1.330

为便于比较算法的搜索能力，定义 σ＝0.01 时，若第 j 组初始复形所能搜索到的最优值 s_j 满足式（2.11），则称该复形搜索到全局最优值，相应地，σ＝0.03 时称为准最优值，σ＝0.05 时为较优值。σ＝0.01 时，算法的寻优成功率称为全局寻优成功率，σ＝0.03 和 0.05 时分别称为准最优值成功率和较优值成功率。

另外本文中利用标准差的概念来衡量各种算法对搜索域的依赖程度，设第 i 搜索域下，50 组初始复形搜索到的最优值的平均值为 Se_i，则搜索域的标准差 Sb 为：

$$Sb = \sqrt{\frac{1}{3}\sum_{i=1}^{3}(Se_i - eq)^2} \qquad (2.12)$$

式中 $eq = \frac{Se_1 + Se_2 + Se_3}{3}$ \qquad (2.13)

Sb 越大，表明算法对搜索域的依赖性就越大，反之亦然。算法对搜索域的依赖性越小，用户就越容易给定搜索域。

3 混合复合形法

3.1 最危险圆弧滑动面搜索的优化模型

本文介绍的优化方法，均以土坡最小安全系数搜索为例，当滑动面假设为圆弧时，其对应的优化模型如下：

Minimize：$S(\mathbf{X})$

S. T $g(\mathbf{X}) \leqslant 0$；$\mathbf{X}_L \leqslant \mathbf{X} \leqslant \mathbf{X}_U$ 　　　　　　(3.1)

上式中 $\mathbf{X}$ 为描述潜在滑动面所需的设计向量，对圆弧滑动面而言，就是圆弧滑动面圆心的 x 坐标、y 坐标以及圆弧滑动面的半径；$g(\mathbf{X})$ 代表设计向量需满足的隐式约束条件，即由设计向量值确定的潜在滑动面要符合运动许可条件，$S(\mathbf{X})$ 表示潜在滑动面 $\mathbf{X}$ 对应的抗滑稳定安全系数，简单起见，可由瑞典圆弧法公式（3.2）计算[6]。

式（3.2）及图 3-1 中，x_o 为圆弧滑动面圆心的 x 坐标，y_o

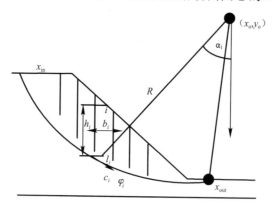

图 3-1　圆弧滑动面条分示意图

为圆弧滑动面圆心的 y 坐标，x_{in} 为滑动面入口点的 x 坐标，x_{out} 为滑动面在坡脚滑出点的 x 坐标。N 为条分数目；c_i 为滑动面上第 i 土条的黏聚力；l_i 为滑动面上第 i 土条的弧长；γ_i 为土的重度；b_i、h_i 为土条的宽度和高度；α_i 为滑动面上第 i 土条法线与铅垂竖直线的夹角；φ_i 为滑动面上土层的内摩擦角。本文中采用瑞典法计算安全系数时，$N = \dfrac{x_{out} - x_{in}}{0.1}$。

$$S(\mathbf{X}) = S(x_o, y_o, R) = \frac{\sum\limits_{i=1}^{N}(c_i l_i + \gamma_i b_i h_i \cos\alpha_i \tan\varphi_i)}{\sum\limits_{i=1}^{N} \gamma_i b_i h_i \sin\alpha_i} \quad (3.2)$$

3.2 基本复合形法

3.2.1 已有复合形法 (Existing Basic Complex Method)

已有复合形法是在单纯形法的基础上发展起来的。它是在 n 维受约束的设计空间内由 k（$n+1 \leqslant k \leqslant 2n$）个顶点构成多面体（复形），然后对复形的顶点函数值逐一进行比较，不断丢掉函数值最劣的顶点，代之以满足约束条件且函数值有所改善的新顶点，如此重复，逐步逼近最优点为止。复合形法不必保持规则图形，较之单纯形更加灵活可变，其基本步骤如下：

（1）在设计空间的可行域 $D = \{\mathbf{X} \mid g(\mathbf{X}) \leqslant 0\}$ 内产生 k 个初始点 $\mathbf{X}^1$，$\mathbf{X}^2$，……$\mathbf{X}^k$，以 k 个初始点构成一个多面体（初始复形），一般取 $n+1 \leqslant k \leqslant 2n$。

（2）计算 k 个初始点的目标函数值 $S(\mathbf{X}^j)$，$j=1$，2，……k。

（3）找出 k 个目标函数值 $S(\mathbf{X}^j)$，$j=1$，2，……k 中最小（好）点 $S(\mathbf{X}^g)$ 和最大（坏）点 $S(\mathbf{X}^b)$。

（4）收敛准则若 $|S(\mathbf{X}^g) - S(\mathbf{X}^b)| \leqslant \varepsilon$ 则迭代结束，将最好点 $\mathbf{X}^g$ 作为最优点输出，ε 为给定的精度；否则转到（5）。

（5）除最坏点外其余各点的几何中心点 $X^\circ = \dfrac{1}{k-1} \sum\limits_{\substack{i=1 \\ i \neq b}}^{k} X^i$，

若X°可行，计算关于最坏点的映射点$X^r = X^\circ + \alpha(X^\circ - X^b)$，$\alpha$ 称映射系数，一般先取 $\alpha > 1.0$，通常取 $\alpha = 1.3$；若X°不可行，则以X^g为起点，X°为端点，重新构成复合形，回到（2）。

（6）若X^r可行，直接到（7），否则$\alpha \Leftarrow 0.5\alpha$，直至$X^r$可行。

（7）比较映射点与最坏点的目标函数值，若 $S(X^r) < S(X^b)$，则以X^r代替X^b并回到（3）；若 $S(X^r) > S(X^b)$，则 $\alpha \Leftarrow 0.5\alpha$，直至 $S(X^r) < S(X^b)$ 为止。若 $\alpha < \xi$（ξ 为一很小的正数，如 10^{-5}）时，$S(X^r) < S(X^b)$ 仍未满足（称为"关于最坏点映射失败现象"），则退出计算过程。在基本复合形法中，第一终止收敛准则为：$|S(X^g) - S(X^b)| \leqslant \varepsilon$。

3.2.2　改进的复合形法（Improved Basic Complex Method）

上述步骤中并没有给出关于最坏点映射失败时的处理方法，本文将其补充。文[115~120]中或者没有涉及或者采用次坏点代替最坏点的方法，仅此一句话太笼统，本书通过增设计数器 num 将其具体化。程序开始时 $num = 1$，求各顶点目标函数值最大值时实际上是求第 num 大值（该点的目标函数值在所有顶点中按降序排第 num 位），一旦关于最坏点映射失败，则 $num = num + 1$，则成了关于次坏点的映射问题，当映射成功后（找到一个新点的目标函数值比次坏点的小）还要还原 $num = 1$。除非关于次坏点的映射也失败，则 $num = num + 1$，依次进行，若 $num > k$，则程序就从收敛判断处跳出而终止（称为基本复合形法的第二收敛准则）。对于简单的优化问题可能不会出现关于最坏点映射失败，但对于复杂的优化问题，一般会出现关于最坏点映射失败的情况，所以解决好这个问题很重要。本书完善以后的基本复合形法的大致流程图如图 3-2 所示。

综上所述，基本复合形法寻优策略由初始复形产生、映射收缩算子、重构复形三部分组成。初始复形由程序随机生成，

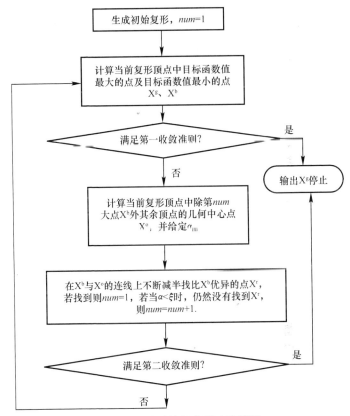

图 3-2　改进的复合形法流程图

本书中寻优直线定义为最坏点 b
与其余顶点的几何中心点 O 的连
线（图 3-3），几何中心点 O 由下
式（3.3）计算：

$$\mathbf{X}^o = \frac{1}{k-1}\sum_{\substack{i=1\\i\neq b}}^{k}\mathbf{X}^i \quad (3.3)$$

在寻优直线上寻找比 b 点优异的
点 r 时，采用下式计算：

$$\mathbf{X}^r = \mathbf{X}^o + \alpha(\mathbf{X}^o - \mathbf{X}^b) \quad (3.4)$$

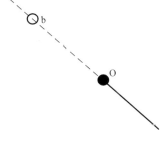

图 3-3　寻优直线示意图

α 的初始值 α_{ini} 通常取大于 1.0 的数，在文献中一般取为 1.3。若找到的当前点 $\mathbf{X}^r$ 不可行或目标函数值比 b 点目标函数值没有改进时，$\alpha \leftarrow 0.5\alpha$ 进行收缩，直至找到比 b 点优异的点 r 为止，α 由初始值 α_{ini} 不断减半直至找到比 b 点优异的点为止这一过程定义为映射收缩算子。若当 $\alpha < \xi$ 时，仍然没有找到比 b 点优异的点，则称关于 b 点映射失败。重构复形即将寻找到的 $\mathbf{X}^r$ 点替换 b 点，其余顶点不变。此外，基本复合形法中参数 ε、ξ 均为很小的正数一般取为 10^{-5}。

为了讨论 α_{ini} 取值对计算结果的影响，本书中分别取 $\alpha_{ini}=$ 1.3、5.0、13.0 进行计算。

3.2.3　基本复合形法寻优能力分析

表 3-1 展示了土坡 1、2、3 基本复合形法 50 组初始复形搜索结果的平均值。由表 3-1 可以看出，相同土坡的同一个搜索域下，α_{ini} 取相同值时，改进的复合形法的平均值均比已有复合形法小，这说明改进复合形法的搜索能力有了提高。另外，无论是已有复合形法还是改进的复合形法，α_{ini} 取较大值时，算法的搜索能力较之低值下有所提高。这说明在具体应用复合形法求解优化问题时，不能一味地取 1.3，而应该变换 α_{ini} 的值才能取得较好的效果。

基本复合形法 50 组初始复形搜索结果平均值比较　表 3-1

方法	土坡	土坡 1			土坡 2			土坡 3		
		域 1	域 2	域 3	域 1	域 2	域 3	域 1	域 2	域 3
EBCM	1.3	1.997	2.048	1.877	1.822	1.852	1.724	1.228	1.265	1.232
	5.0	2.032	1.926	1.806	1.833	1.914	1.836	1.230	1.261	1.233
	13.0	2.090	1.974	1.796	1.832	1.856	1.787	1.233	1.265	1.237
IBCM	1.3	1.571	1.570	1.596	1.613	1.612	1.573	1.228	1.247	1.229
	5.0	1.635	1.536	1.550	1.562	1.596	1.542	1.230	1.242	1.232
	13.0	1.539	1.600	1.516	1.522	1.646	1.563	1.233	1.247	1.232

土坡 1 寻优成功率比较（%） 表 3-2

σ	搜索域 1						搜索域 2						搜索域 3					
	EBCM			IBCM			EBCM			IBCM			EBCM			IBCM		
	1.3	5.0	13	1.3	5.0	13	1.3	5.0	13	1.3	5.0	13	1.3	5.0	13	1.3	5.0	13
0.01	8	6	10	24	38	40	12	8	12	30	50	48	4	8	12	22	46	44
0.03	18	16	14	40	50	54	26	28	24	46	64	58	26	38	34	44	60	60
0.05	26	20	24	48	54	60	30	30	26	50	64	60	30	38	38	52	60	62
0.07	30	20	20	52	54	62	30	34	30	54	68	60	32	40	38	54	62	64
0.10	32	22	26	56	58	68	32	34	26	62	68	60	34	42	40	58	66	66

土坡 2 寻优成功率比较（%） 表 3-3

σ	搜索域 1						搜索域 2						搜索域 3					
	EBCM			IBCM			EBCM			IBCM			EBCM			IBCM		
	1.3	5.0	13	1.3	5.0	13	1.3	5.0	13	1.3	5.0	13	1.3	5.0	13	1.3	5.0	13
0.01	8	18	22	22	38	64	20	16	16	30	34	42	14	10	30	18	40	48
0.03	20	24	36	42	56	72	28	28	28	46	56	48	32	30	36	40	54	52
0.05	26	36	36	48	64	74	30	36	32	52	62	52	40	34	38	52	60	54
0.07	30	38	38	56	66	76	36	36	32	58	62	58	54	36	64	64	66	58
0.10	36	40	40	64	66	76	38	34	42	62	66	60	56	42	48	68	68	68

对于土坡 3 这样的简单均质土坡，已有复合形法在每一个初始复形下大都能搜索到最优值，而由表 3-2 和表 3-3 可以看出，对于土坡 1、土坡 2 等复杂土坡，已有基本复合形法的全局寻优成功率较低，以土坡 1 搜索域 3 为例，$\alpha_{ini}=13.0$ 时，已有基本复合形法的全局寻优成功率为 12%，准最优值成功率和较优值成功率为 38%、44%；相同条件下，改进复合形法为 44%、60%、62%，改进复合形法的全局寻优成功率提高了 32%，准最优值成功率提高幅度为 22%，较优值成功率提高幅度为 18%，已有基本复合形法的全局搜索能力亟待提高，另外，土坡 1 下，α_{ini} 取 13.0 时，已有复合形法对搜索域的依赖程度为 0.121，而改进复合形法为 0.035。说明改进复合形法不仅比已有复合形法搜索能力强，而且对搜索域的依赖性大大降低，便于用户确定搜索域。加强已有复合形法的搜索能力，最可能的

途径就是联合其他算法共同搜索解空间。

3.3　蚁群复合形法

3.3.1　蚁群算法

蚁群系统是由意大利学者 Colorni 和 Dorigo[128]等人于 20 世纪 90 年代初提出的一种新型模拟进化算法,它模拟了自然界蚂蚁寻找食物过程中通过信息素的相互交流从而找到由巢穴至食物的最短路径的现象,是一种基于信息正反馈原理的优化算法。

虽然蚂蚁的视力有限,但在蚂蚁寻找食物的过程中,往往能找到从蚁穴到距离很远的食物之间的最佳行进路线。仿生学经过研究发现,蚂蚁寻找食物的奥妙在于一种称为外激素的分泌物。蚂蚁在行进的过程中,会不断分泌外激素。而外激素可以吸引后来的蚂蚁沿相同的路线行进。这样,蚂蚁搜寻食物的过程中,对于较短的路径,在单位时间内经过的蚂蚁数量较多,因此外激素水平较高。由于外激素水平较高,又吸引更多的蚂蚁沿相同的路径进行搜索。这又使其外激素水平增加。对于距离较长的路径,由于单位时间内经过的蚂蚁数量较少,蚂蚁分泌的外激素较少,外激素的挥发作用较明显。因此外激素水平逐渐降低,不再吸引蚂蚁沿这条路径运动。这样就形成了正反馈。即对于较短路径,越来越多的蚂蚁会沿它运动。另外由于激素具有挥发性,即外激素会随着时间逐渐减小,对于距离较长的路径,即使一开始其外激素水平较高,由于经过的蚂蚁数量较少,会逐渐挥发,导致最后不再吸引后来的蚂蚁沿该路径进行搜索。另外蚂蚁的搜索不是孤立的。事实上假如只有一只蚂蚁进行搜索,由于蚂蚁的短视,很难找到最佳路线。蚂蚁搜索的另一个特点在于其群体搜索特性,由于外激素对蚂蚁的行进具有指导作用,蚂蚁的搜索基于已有的搜索路线进行。这样蚂蚁在已经完成的搜索的基础上进行更好的探索,不断改进直至找到最佳路线。

1. 离散变量蚁群算法

最初，蚁群算法主要用于求解旅行商 TSP（Traveling Salesman Problem）等离散变量的优化问题[129,130]，TSP 问题描述为一个推销员要找到一条通过 n 个城市的最短巡回，而且每个城市都只能走一次。设共有 n 个城市，蚁群中共有 m 只蚂蚁，$d_{ij}(i,j=1,2,\cdots\cdots,n)$ 表示城市 i 和 j 之间的距离，$\tau_{ij}(t)$ 表示在 t 时刻城市 i 和 j 之间残留的信息量，蚂蚁 k 在运动过程中根据各条路径上的信息量来决定下一步的路径。$p_{ij}^{k}(t)$ 表示 t 时刻蚂蚁 k 由城市 i 转移到城市 j 的概率

$$p_{ij}^{k}(t)=\begin{cases}\dfrac{\tau_{ij}^{\alpha}(t)\eta_{ij}^{\beta}(t)}{\displaystyle\sum_{l\in allowed_k}\tau_{il}^{\alpha}(t)\eta_{il}^{\beta}(t)} & j\in allowed_k\\[4mm] 0 & j\notin allowed_k\end{cases} \tag{3.5}$$

其中 $allowed_k$ 表示蚂蚁 k 下一步允许走的城市集合，它随蚂蚁 k 的行进过程而动态改变。信息量 $\tau_{ij}(t)$ 随时间的推移会逐步衰减，用 $1-\rho$ 表示它的衰减程度。蚂蚁 k 走完 n 个城市就完成一次循环，m 只蚂蚁都完成循环后，要根据式（3.6～3.8）对各路径上的信息量进行更新。

$$\tau_{ij}(t)=\rho\tau_{ij}(t)+\Delta\tau_{ij} \tag{3.6}$$

$$\Delta\tau_{ij}=\sum_{k=1}^{m}\Delta\tau_{ij}^{k} \tag{3.7}$$

$\Delta\tau_{ij}^{k}$ 表示蚂蚁 k 在本次循环中城市 i 和城市 j 之间留下的信息量，其计算公式如下：

$$\Delta\tau_{ij}^{k}=\begin{cases}\dfrac{Q}{L_k} & 蚂蚁\ k\ 在本次循环中经过城市\ i\ 和\ j\\[3mm] 0 & 蚂蚁\ k\ 在本次循环中不经过城市\ i\ 和\ j\end{cases} \tag{3.8}$$

式中 Q 为常数，L_k 为蚂蚁 k 在本次循环中所走路径的长度。η_{ij} 为由城市 i 转移到城市 j 的期望程度，在 TSP 问题中，可取 $\eta_{ij}=\dfrac{1}{d_{ij}}$。

蚁群算法求解离散变量优化问题（如 TSP 问题）的基本步骤如下：

（1）将 m 只蚂蚁随机的置于 n 个城市上，$t=0$，赋 $\tau_{ij}(t)=cons$，i，$j=1$，2，……，n；给定计算参数 α，β，ρ；

（2）对每只蚂蚁进行如下循环（以第 k 只蚂蚁为例）：

蚂蚁 k 利用式（3.5）选择下一个城市，更新蚂蚁 k 的 $allowed_k$，直到走完所有城市，计算其走路径的长度 L_k；

（3）m 只蚂蚁均走完，$t=t+1$，由式（3.6）、式（3.7）更新 $\tau_{ij}(t)$；

（4）判断 $t>T_{\max}$，若是，则输出；否则转（2）继续进行。

蚁群算法中 α、β、ρ 等参数对算法性能有很大影响。α 值的大小表明留在每条路径上的信息量受重视的程度。α 值越大，蚂蚁选择以前经过路径的可能性越大，但过大会使搜索陷入局部极小值；β 的大小表明启发信息受重视的程度，β 值越大，蚂蚁选择距离它近的城市的可能性就越大；ρ 表示信息素的保留率，如果它的值取得不当，得到的结果将会很差。

2. 连续变量蚁群算法

（1）连续变量蚁群算法离散化

陈凌[131]、高尚[132]、熊伟清[133]等学者曾针对连续变量的函数优化问题提出过蚁群算法求解的思路。类似的，对于土坡最小安全系数搜索的优化模型而言，必须将设计向量 $\mathbf{X}=(x_o, y_o, R)$ 离散化才能利用蚁群算法求解，将变量 x_o 的取值区间 $[l_1 \quad u_1]$ 划分为 Nh 小区间，同理剩余两个变量的取值区间 $[l_2 \quad u_2]$、$[l_3 \quad u_3]$ 也划分成 Nh 小区间。

本书将蚁群搜寻食物的过程比拟为跨越障碍物的问题，下面以三变量问题为例说明。变量的个数 $n=3$ 比拟为障碍物的个数，将每个变量的取值范围分为 Nh 个子区间（圆圈），每个子区间代表跨越某障碍物的一条途径，所有途径的总体组成了类似矩阵的形式，当途径上有分泌物时就构成了分泌物浓度矩阵。每只蚂蚁都必须从蚂蚁巢穴出发，路经入口，根据各途径上残留的分泌物浓度来选择一条途径跨越三个障碍物，最后到达出口，路经评估处的时候，会对这只蚂蚁跨越三个障碍物所选择的三条途径上的分泌物浓度进行修改，修改的依据是这只蚂蚁在评估处的得分，然后这只蚂蚁再返回蚂蚁巢穴等待下一次循环。形象描述如图 3-4 所示，图中为一只蚂蚁正在跨越障碍物 C。

将连续变量的取值区间离散后，就可利用上节介绍的蚁群算法来进行优化运算。蚁群算法的实现过程中，主要有浓度更新、路径选择决策构成。基本蚁群算法中，一般利用随机决策（赌轮）方式来选择下一条路径，本文引入基于排序的路径选择方式[134]。

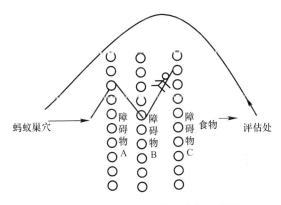

图 3-4　连续变量蚁群算法离散示意图

（2）基于排序的路径选择策略

① 将浓度矩阵中 τ_{ij} 第 j 列元素赋给数组 $\omega(i)$，定义数组 $J(i)=i$，$i=1$，Nh；

② 对 $\omega(i)$ 中元素按浓度大小进行降序排列，同时更新 $J(i)$ 中的数值；

③ $\delta\sim(0,1)$，定义基于排队序号的浓度函数 $dens(\omega(i))=\delta(1-\delta)^{i-1}$，$i=1,2,\cdots\cdots Nh$。

④ 对该列中每个元素 $\omega(i)$ 计算其累积概率：

$$\begin{cases} q_0=0 \\ q_i(\omega(i))=\sum_{k=1}^{i}dens(\omega(k)),i=1,2,\cdots\cdots Nh \end{cases} \tag{3.9}$$

⑤ 从区间（0，q_{Nh}）中产生一个随机数 $rand$；

⑥ 若 $q_{i-1}<rand<q_i$，则选择第 i 个元素 $\omega(i)$ 所对应的第 $J(i)$ 子区间为蚂蚁跨越该障碍物选择的途径；

路径选择大都采用比例选择，对应于（3.9）式中即：

$$q_i(\omega(i)) = \frac{\omega(i)}{\sum\limits_{j=1}^{Nh}\omega(j)}$$

若某列中的元素相差过大，在进行路径选择时就容易陷入局部极小值；采用基于排序的路径选择方法，通过改变 δ 的值可以避免比例选择时对浓度大的依赖性，较之比例选择方法有很大的灵活性。

在连续变量优化问题中，由于 η_{ij} 很难确定，所以将其忽略，即在式（3.5）中分子、分母中仅包含 $\tau_{ij}(t)$，没有 $\eta_{ij}(t)$ 项。

（3）连续变量蚁群算法步骤

① 给定计算参数 Q，ρ，m，δ，$T_{\max}$，Nh；

② 将取值变量区间 $[l_1 \quad u_1]$、$[l_2 \quad u_2]$、$[l_3 \quad u_3]$ 离散化，最大的区间宽度记为 $dis_{\max} = \max\left\{\dfrac{u_i-l_i}{Nh}\right\}_{i=1,2,3}$；

③ $t=0$，赋 $\tau_{ij}(t)=cons$（常数，本文取为 1.0）；$i=1$，2，……，Nh；$j=1$，2，……，n。

④ 对每只蚂蚁进行如下操作（以第 k 只蚂蚁为例）：

从入口开始，蚂蚁 k 利用随机决策或基于排序的路径选择方式翻越下一个障碍，直到到达出口；并计算蚂蚁 k 的得分 L_k（即安全系数）；

⑤ m 只蚂蚁均走完，$t=t+1$，由式（3.6）、式（3.7）更新 $\tau_{ij}(t)$；

⑥ 判断 $t>T_{\max}$，若是，则将浓度最大的路径（区间）作为新的变量取值范围，即更新 l_i，u_i，$i=1$，2，3，否则转（4）继续计算；

⑦ 判断 $dis_{\max}$ 是否足够小（小于一很小的正数，譬如 0.001），若是则输出浓度最大区间作为最优解，本文中认为蚂蚁具有记忆特性，将整个爬行过程中最好的解输出停止，否则

转（2）继续计算。

3. 蚁群算法参数分析及结果

由此可见，连续变量的蚁群算法中计算参数有：Q、ρ、m、δ、$T_{\max}$，对这五个计算参数分别设置 10.0、50.0、100.0，0.2、0.6、0.8，20、60、80，0.1、0.5、0.8，100、200、300 等三个水平进行参数的敏感性分析。计算以土坡 1、土坡 2 的搜索域 1 为例，表 3-4 中平均最优安全系数为每种试验下随机计算 5 次的平均结果。

五因素三水平正交试验表及试验结果　　表 3-4

试验号	Q	ρ	m	δ	$T_{\max}$	平均最优安全系数	
						土坡 1	土坡 2
1	1	1	1	1	1	1.728	1.579
2	1	2	2	2	2	1.382	1.413
3	1	3	3	3	3	1.346	1.365
4	2	1	1	2	2	1.514	1.507
5	2	2	2	3	3	1.344	1.374
6	2	3	3	1	1	1.561	1.479
7	3	1	2	1	3	1.454	1.475
8	3	2	3	2	1	1.391	1.396
9	3	3	1	3	2	1.355	1.382
10	1	1	3	3	2	1.319	1.367
11	1	2	1	1	3	1.541	1.459
12	1	3	2	2	1	1.366	1.381
13	2	1	2	3	1	1.316	1.376
14	2	2	3	1	2	1.464	1.484
15	2	3	1	2	3	1.430	1.468
16	3	1	3	2	3	1.370	1.421
17	3	2	1	3	1	1.366	1.401
18	3	3	2	1	2	1.624	1.499

从表 3-5 和表 3-6 的极差分析结果可以看出，不同的搜索域下参数敏感性不同，但共同的是参数 δ 对计算结果的影响高度显著（其 F 值大于 $F_{0.01}$），这说明特定搜索域下的参数分析是必要的。

利用相同的计算参数（土坡 1 采用表 3-4 中第 13 组参数，土坡 2 采用第 3 种参数），对土坡 1、2 的其他搜索域进行了计算，结果示于表 3-7。若改用随机选择而不是基于排序的路径选择方法，计算结果同样示于表 3-7。比较可以得出，由于本文引入了参数 δ，通过调整其值，就可搜索到相对较优的结果，而赌轮选择方式过于单一，不能获得好的结果。表 3-7 中土坡 1、土坡 2 三种搜索域下平均最优的安全系数，当路径选择方式采用排序方法时，土坡 1 的结果是 1.316、1.362、1.314；土坡 2 分别是 1.365、1.368、1.379，与各自的最优值 1.30、1.35 相差不大。而采取随机方法的路径方式，土坡 1、土坡 2 得到的结果分别为 2.072、1.923、1.954；1.563、1.583、1.616。这说明针对离散变量优化问题提出的蚁群算法在连续变量优化问题中结果可能不好，单单靠蚁群算法并不能搜索到复杂土坡的最小安全系数，这就需要联合其他的算法来共同协作。

极差分析结果　　　　表 3-5

水平＼因素	土坡 1 搜索域 1					土坡 2 搜索域 1				
	Q	ρ	m	δ	T_{max}	Q	ρ	m	δ	T_{max}
I	1.447	1.450	1.489	1.562	1.455	1.427	1.454	1.466	1.496	1.435
II	1.438	1.415	1.414	1.409	1.443	1.448	1.421	1.420	1.431	1.442
III	1.427	1.447	1.409	1.341	1.414	1.429	1.429	1.419	1.377	1.427
极差	0.020	0.035	0.080	0.221	0.041	0.021	0.033	0.047	0.118	0.015
次序	5	4	2	1	3	4	3	2	1	5

方差分析结果　　　　表 3-6

因素	离差平方和		自由度 f	平均离差平方和		F 值		临界值 F		敏感性次序	
	土坡 1	土坡 2		土坡 1	土坡 2	土坡 1	土坡 2	$F_{0.05}$	$F_{0.01}$	土坡 1	土坡 2
Q	0.00124	0.00158	2	0.00062	0.00079	0.121	0.826			5	4
ρ	0.00462	0.00356	2	0.00231	0.00178	0.453	1.863			4	3
m	0.02410	0.00877	2	0.01205	0.00438	2.369	4.585	4.74	9.55	2	2
δ	0.15379	0.04213	2	0.07689	0.02106	15.07	22.02			1	1
T_{max}	0.00520	0.00067	2	0.00260	0.00034	0.510	0.352			3	5
公差	0.0357	0.0067	7	0.0051	0.00095						

路径选择 \ 土坡	土坡 1			土坡 2		
	搜索域 1	搜索域 2	搜索域 3	搜索域 1	搜索域 2	搜索域 3
排序	1.316	1.362	1.314	1.365	1.368	1.379
随机	2.072	1.923	1.954	1.563	1.583	1.616

3.3.2 蚁群复合形法分析

导致基本复合形法全局搜索能力不强的原因可能在于某一特定搜索域下随机生成的初始复形中包含基因型相似的顶点。如将两个基因型相似顶点的一个替换为蚁群算法搜索的较优解，则复合形法的搜索能力将会加强。

两个顶点之间的海明距离就可表示顶点之间的密切程度。设 $\mathbf{X}^i$ 和 $\mathbf{X}^j$ 表示两个不同的顶点，则两个顶点之间的海明距离 H_{ij} 定义如下[134]：

$$\| \mathbf{X}^i - \mathbf{X}^j \| = \sqrt{\sum_{k=1}^n (x_{ik} - x_{jk})^2} \qquad (3.10)$$

式中：n 为顶点的基因数，x_{ik} 表示 $\mathbf{X}^i$ 的第 k 个基因，x_{jk} 表示 $\mathbf{X}^j$ 的第 k 个基因。本文以复杂边坡为例提出基于最小海明距离的替换准则如下：随机生成 6 个初始复形顶点；计算两两顶点之间的海明距离形成海明距离矩阵（6×6）；找出矩阵非对角线上最小的数对应的行数与列数，行数与列数对应的两个顶点中间的一个要被替换掉。蚁群复合形法的步骤如下：

（1）给出几组搜索域并用蚁群算法来计算其最小的安全系数，从这几组结果中找出最小的安全系数及其对应的解向量（记为 ANT）。

（2）然后大致给出搜索的范围，随机生成 6 个满足约束条件的解向量作为复形的初始顶点，记为 A、B、C、D、E、F。

（3）利用基于最小海明距离的替换准则找出两个关系密切的个体（如 C、E）。

（4）分别以（A、B、ANT、D、E、F）（A、B、C、D、

ANT、F) 为初始复形顶点进行复合形法的计算，取两个计算结果中较小值为全局最优值。

由图 3-5 可以看出，对每一个初始复形，蚁群复合形法所得到的最优安全系数大部分均落在全局最优值附近，不同映射系数初值下的结果相差不大。

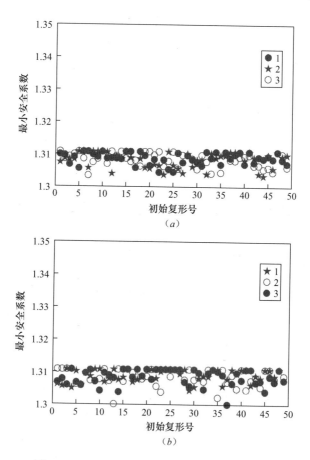

图 3-5　土坡 1、2 蚁群复合形法计算结果 (一)

(a) 土坡 1 搜索域 1 结果；(b) 土坡 1 搜索域 2 结果；

注：图 3-5 中，标识 1、2、3 分别代表 α_{ini} 取 1.3、5.0、13.0。

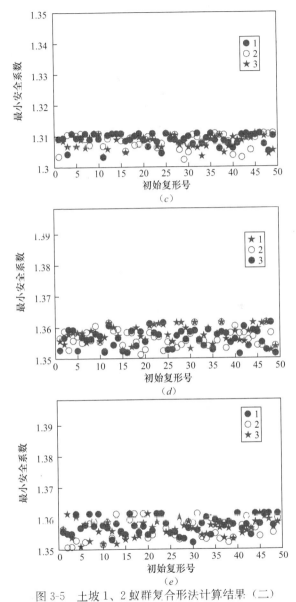

图 3-5　土坡 1、2 蚁群复合形法计算结果（二）

（c）土坡 1 搜索域 3 结果；（d）土坡 2 搜索域 1 结果；（e）土坡 2 搜索域 2 结果；

注：图 3-5 中，标识 1、2、3 分别代表 α_{ini} 取 1.3、5.0、13.0。

51

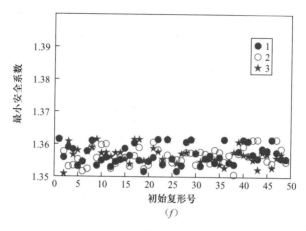

图 3-5 土坡 1、2 蚁群复合形法计算结果（三）

（ƒ）土坡 2 搜索域 3 结果

注：图 3-5 中，标识 1、2、3 分别代表 α_{ini} 取 1.3、5.0、13.0。

　　表 3-8 和表 3-9 给出了蚁群复合形法的寻优成功率，可以发现，利用蚁群算法搜索得到的准最优值，基于最小海明距离的替换准则，基本复合形法的全局搜索能力大大提高，以土坡 1 搜索域 3 为例，$\alpha_{ini}=13.0$ 时，改进复合形法的全局寻优成功率为 44%，而蚁群复合形法为 100%，比基本复合形法提高 56%。其他搜索域下也有类似结果。再次说明了，利用两种算法的优势构成的混合复合形法的全局搜索能力大大提高。

土坡 1 蚁群复合形法寻优成功率（%）　　　　表 3-8

误差阈值	搜索域 1			搜索域 2			搜索域 3		
	1.3	5.0	13.0	1.3	5.0	13.0	1.3	5.0	13.0
0.01	100	100	100	100	100	100	100	100	100
0.03	100	100	100	100	100	100	100	100	100
0.05	100	100	100	100	100	100	100	100	100
0.07	100	100	100	100	100	100	100	100	100
0.10	100	100	100	100	100	100	100	100	100

误差阈值	搜索域 1			搜索域 2			搜索域 3		
	1.3	5.0	13.0	1.3	5.0	13.0	1.3	5.0	13.0
0.01	100	100	100	100	100	100	100	100	100
0.03	100	100	100	100	100	100	100	100	100
0.05	100	100	100	100	100	100	100	100	100
0.07	100	100	100	100	100	100	100	100	100
0.10	100	100	100	100	100	100	100	100	100

3.4　粒子群复合形法

大自然始终是开启人类智慧的老师。"师法自然"，人类受到社会系统、物理系统、生物系统等运行机制启发，建立和发展起一个个研究工具和手段来解决和攻克研究过程中遇到的困难。在计算智能（Computational Intelligence）领域有两种基于群体智能（Swarm Intelligence）的算法：蚁群优化算法和粒子群优化算法。前者是对蚂蚁群落搜索食物行为的模拟，已经被成功地运用于组合优化问题如指派问题、背包问题、旅行商问题。

3.4.1　粒子群优化算法

粒子群优化算法（Particle Swarm Optimization，PSO）是由 Eberhart 博士和 Kennedy 博士[135,136]发明的一种基于群体方法的演化计算技术，是演化计算领域中的一个新分支。与基于达尔文"适者生存，优胜劣汰"进化思想的遗传算法不同的是，粒子群优化算法是通过个体之间的协作来解决优化问题的。生物社会学家 E. O. Wilson 关于生物群体的一段话[135]，"至少在理论上，一个生物群体中的一员可以从这个群体中所有其他成员以往在寻找食物过程中积累的经验和发现中获得好处。只要食物源不可预知地分布于不同地方，这种协作带来的优势可能

53

变成决定性的，超过群体中个体之间对食物竞争所带来的劣势"。可设想这样一个场景：一群鸟在随机搜寻食物，在这个区域里只有一块食物，所有的鸟都不知道食物在哪里，但是它们知道当前的位置离食物还有多远。那么找到食物的最优策略是什么呢？最简单、有效的方法，就是搜寻目前离食物最近的鸟的周围区域。

PSO算法就从这种生物种群行为特性中得到启发并用于优化问题中。在该算法中，优化问题的潜在解都可想象为 n 维搜索空间上的一个点，称之为"粒子（Particle）"。粒子在搜索空间中以一定的速度飞行，并根据它本身及其同伴的飞行经验来调整飞行的速度。由具体的优化问题可以确定每个粒子的适应值（Fitness Value），每个粒子的当前位置以及到目前为止发现的最好位置 p_{best}，可以看作是粒子自己的飞行经验；此外，每个粒子还知道到目前为止整个粒子群所发现的最好位置 g_{best}（Global best），这个可看作是粒子同伴的飞行经验。每个粒子利用下列信息改变自己的位置：①当前位置；②当前速度；③当前位置与自己最好位置的距离；④当前位置与群体最好位置之间的距离。优化搜索正是在由这样一群随机初始化粒子形成的群体中，以迭代方式进行的。

1. 标准粒子群优化算法

在 n 维搜索空间中，设有 m 个代表潜在问题解的"粒子"组成的一个种群 $\mathbf{J} = (\mathbf{X}^1, \mathbf{X}^2, \cdots\cdots, \mathbf{X}^m)$，其中 $\mathbf{X}^i = (x_{i1}, x_{i2}, \cdots\cdots, x_{in})$，$i = 1, 2, \cdots\cdots, m$. 并表示第 i 个粒子在 n 维解空间中的一个矢量点，将 $\mathbf{X}^i$ 代入与求解问题相关的目标函数可以计算出相应的目标函数值。用 $\mathbf{P}_i = (P_{i1}, P_{i2}, \cdots\cdots, P_{in})$，$i = 1, 2, \cdots\cdots, m$ 记录第 i 个粒子自身到目前为止搜索到的最好点（所谓最好，即对求解的优化问题最有利）。而在这个种群中，至少有一个粒子是最好的，将其记为 $\mathbf{P}_g = (P_{g1}, P_{g2}, \cdots\cdots, P_{gn})$，其中 $g \in \{1, 2, \cdots\cdots, m\}$。每个粒子还有一个速度向量，用 $\mathbf{V}_i = (v_{i1}, v_{i2}, \cdots\cdots, v_{in})$ 表示第 i 个粒子的

速度。

$$v_{ij} = wv_{ij} + c_1 rnd_1(p_{ij} - x_{ij}) + c_2 rnd_2(p_{gj} - x_{ij}) \quad (3.11)$$

$$x_{ij} = x_{ij} + v_{ij} \quad (3.12)$$

其中 $i=1$，2，……，m，$j=1$，2，……，n，w 是惯性权重，学习因子 c_1 和 c_2 是非负常数；rnd_1 和 rnd_2 是介于 $[0, 1]$ 之间的随机数。

PSO 算法是一种全局优化算法，其计算步骤如下：

（1）随机初始化 $\mathbf{J}(\mathbf{X}^1, \mathbf{X}^2, \cdots\cdots, \mathbf{X}^m)$，$\mathbf{V}_1, \mathbf{V}_2, \cdots\cdots, \mathbf{V}_m$；初始化 $\mathbf{P}_1, \mathbf{P}_2, \cdots\cdots, \mathbf{P}_m$ 及 $\mathbf{P}_g$；迭代次数计数器 $t=0$。

（2）计算粒子的适应值 $f_1, f_2, \cdots\cdots, f_m$。

（3）利用式（3.11）、（3.12）计算粒子群的新位置 $\mathbf{J}(X_1', X_2', \cdots\cdots, X_m')$。

（4）对第 i 个粒子，计算其适应值 f_i；若其优于$\mathbf{P}_i$，则更新$\mathbf{P}_i$。

（5）判断粒子群中最好粒子是否优于$\mathbf{P}_g$，若是，则更新$\mathbf{P}_g$。

（6）$t=t+1$，判断是否达到给定的最大迭代次数 $T_{\max}$，若是，则停止；否则转（3）继续迭代。

由上可见，标准 PSO 算法参数包括：群体规模 m，惯性权重 w，加速度常数 c_1 和 c_2，最大速度 $V_{\max}$，最大迭代次数 $T_{\max}$。加速度常数 c_1 和 c_2 代表将每个粒子推向 p_{best} 和 g_{best} 位置的统计加速项的权重。低的值允许粒子在被拉回之前，可以在目标区域外徘徊，而高的值则导致粒子突然冲向或越过目标区域。惯性权重 w 使粒子保持运动惯性，使其有扩展空间的趋势，有能力探索新的区域。w 对算法的全局收敛有重要影响，一般较大的 w 值有利于跳出局部极小点，较小的 w 值则有利于算法收敛；Shi 和 Eberhart[137]等提出在迭代的过程中动态的变换 w 的值，即自适应粒子群优化算法（Adaptive Particle Swarm Optimization），本文中将 w 的初值取为 1.0，按照迭代次数线性的减小其值至 0.01 来模拟自适应策略，另外借鉴遗传算法中变异策略，形成的变异粒子群优化算法如下。

2. 变异粒子群优化算法 （Mutation Particle Swarm Optimization）

变异算子采用非均匀变异算子[134]：

$$x'_{ij} = \begin{cases} x_{ij} + \Delta(t, u_j - x_{ij})(random(0,1) = 0) & i = 1, 2, \cdots, m, \\ x_{ij} - \Delta(t, x_{ij} - l_j)(random(0,1) = 1) & j = 1, 2, \cdots, n \end{cases}$$

$$(3.13)$$

$$\Delta(t, y) = y \cdot (1 - rand^{(1-t/T_{max})d}) \tag{3.14}$$

式中 $rand$ 为 $[0, 1]$ 范围内符合均匀概率分布的一个随机数，T_{max} 是最大进化代数，d 是一个系统参数，通常取 $d = 2$。对式（3.1）所述优化问题，变异粒子群优化算法 $n = 3$，$m = 6$，$c_1 = c_2 = 2.0$，计算步骤如下，

（1）根据给定的粒子数 m，在优化问题的可行域内随机的产生 m 个粒子，并给定 w 值；

（2）将粒子代入求解安全系数的式（3.2），得到每个粒子的目标函数值；

（3）对每个粒子进行非均匀变异得到变异的粒子，判断变异后的粒子的目标函数值是否小于变异前的粒子，是则替换掉，否则保持原来的粒子不变；

（4）求出每个粒子的 $\mathbf{P}_i$ 和整个粒子群的 $\mathbf{P}_g$；

（5）根据式（3.11）和式（3.12）对每个粒子的位置向量和速度向量进行更新；

（6）收敛条件判断，若迭代次数达到预定的次数或连续几次群体最优值 gbest 不再变化，则停止迭代并输出群体最优值；否则转（3）继续迭代。需说明的是，在（3.11）、（3.12）中对粒子的位置向量进行更新时，若位置向量中某元素超过其界限时，就取为其界限。

3. 粒子群优化算法结果

在进行粒子群优化算法计算时，将复合形法的每组初始复形对应于粒子群优化算法的初始种群 $\mathbf{J}$。表 3-10 给出了三种 PSO 算法对土坡 1、2 三种搜索域下 50 组初始复形所能得到的平均值。

三种粒子群算法平均值比较　　　　表 3-10

粒子群算法	土坡号	土坡 1			土坡 2		
		域 1	域 2	域 3	域 1	域 2	域 3
SPSO	0.1	1.834	1.885	1.750	1.706	1.754	1.917
	0.5	1.720	1.866	1.725	1.699	1.813	1.864
	0.9	2.116	2.240	2.062	1.919	2.141	2.163
MPSO	0.1	1.423	1.399	1.384	1.418	1.433	1.414
	0.5	1.358	1.389	1.398	1.408	1.431	1.436
	0.9	1.444	1.488	1.454	1.505	1.569	1.538
APSO		1.780	1.869	1.778	1.666	1.857	1.902

由表 3-10 可看出，无论是 SPSO 还是 MPSO，w 的值取 0.9 时搜索能力最差，即平均最优值越大。SPSO 算法中不同 w 值的平均最优值相差很大，引入变异过程后不同 w 值的差距变小，这有利于参数值的选定。而且土坡 1 下，w 取 0.5 时，SPSO 对搜索域的依赖程度为 0.067，MPSO 为 0.017，APSO 为 0.042，MPSO 对搜索域的依赖性最低。表 3-11～表 3-15 给出了三种 PSO 算法的寻优成功率。

土坡 1 采用 SPSO 寻优成功率（%）　　　　表 3-11

误差阈值	搜索域 1			搜索域 2			搜索域 3		
	0.1	0.5	0.9	0.1	0.5	0.9	0.1	0.5	0.9
0.01	4	2	0	0	4	0	0	0	0
0.03	10	30	6	2	10	0	18	18	10
0.05	18	32	6	6	10	2	22	26	14
0.07	20	34	14	8	16	2	22	30	16
0.10	26	40	14	10	24	2	24	36	18

土坡 2 采用 SPSO 寻优成功率（%）　　　　表 3-12

误差阈值	搜索域 1			搜索域 2			搜索域 3		
	0.1	0.5	0.9	0.1	0.5	0.9	0.1	0.5	0.9
0.01	0	0	0	0	4	0	6	2	0
0.03	14	12	8	10	14	2	8	2	0

误差阈值	搜索域 1			搜索域 2			搜索域 3		
	0.1	0.5	0.9	0.1	0.5	0.9	0.1	0.5	0.9
0.05	16	20	12	14	20	4	10	12	0
0.07	20	34	14	16	20	4	14	24	6
0.10	30	42	14	22	24	10	16	30	10

土坡 1 采用 MPSO 寻优成功率（％）　　表 3-13

误差阈值	搜索域 1			搜索域 2			搜索域 3		
	0.1	0.5	0.9	0.1	0.5	0.9	0.1	0.5	0.9
0.01	12	14	0	6	4	0	16	16	0
0.03	28	60	34	38	38	8	40	56	44
0.05	52	74	52	58	58	18	60	66	50
0.07	58	82	54	68	70	24	72	74	52
0.10	70	88	62	76	76	36	80	82	60

土坡 2 采用 MPSO 寻优成功率（％）　　表 3-14

误差阈值	搜索域 1			搜索域 2			搜索域 3		
	0.1	0.5	0.9	0.1	0.5	0.9	0.1	0.5	0.9
0.01	6	10	0	6	8	0	6	8	0
0.03	46	50	16	38	44	12	44	50	16
0.05	72	74	32	52	64	20	74	68	28
0.07	84	80	44	70	68	28	86	80	42
0.10	90	94	56	80	78	42	86	84	46

APSO 寻优成功率（％）　　表 3-15

误差阈值 \ 土坡	土坡 1			土坡 2		
	搜索域 1	搜索域 2	搜索域 3	搜索域 1	搜索域 2	搜索域 3
0.01	2	0	0	2	2	0
0.03	14	4	2	8	10	4
0.05	16	6	4	18	12	4
0.07	22	12	6	18	12	8
0.10	24	12	14	32	22	22

从表 3-11～表 3-15 的寻优成功率比较，以土坡 1 域 3 为

例，$w=0.5$ 时，SPSO 全局寻优成功率、准最优值成功率、较优值成功率分别为 0%、18%、26%，相同条件下 MPSO 分别为 16%、56%、66%，全局寻优成功率提高程度 16%，较优值成功率提高 40%，说明了仅仅依靠粒子群寻优策略不能很好地探索解空间，而引入变异策略后算法的较优值搜索能力大大加强。从表 3-10 中最后一行可以得出，自适应粒子群优化算法平均最优值比高 w 值下的标准粒子群算法稍好。但表 3-15 中土坡 1 搜索域 3 下，较优值成功率为 4%，并不比 SPSO 高。

3.4.2 基于最大复形中心距替换准则的粒子群复合形法

导致基本复合形法全局搜索能力不强的原因还可能在于某一特定搜索域内随机生成的复形或计算过程中构成的新复形所包围的域不够大，即复形中心点到各个复形顶点的海明距离之和不够大。若定义复形中心点到各个复形顶点的海明距离之和为复形中心距，图 3-6 绘出了 $n=2$，$k=4$ 下复形顶点的中心距。

$$P_c = \sum_{i=1}^{4} P_i \qquad (3.15)$$

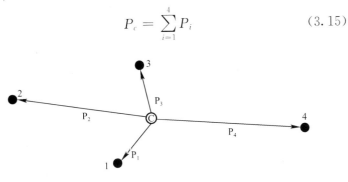

图 3-6　复形中心距示意图

若能将 MPSO 求解得到的较优解替换掉复形中的一个顶点使复形的中心距最大，这样修正后复形的搜索能力会有提高。基于最大复形中心距的替换准则为：（1）将当前复形 6 个顶点逐一替换为 MPSO 求解到的较优解而保持其他 5 个顶点不变构成 6 个新的复形；（2）计算 6 个新复形的中心距，中心距最大的复形即为下次迭代之复形。

图 3-7 展示了粒子群复合形法的大致流程图。

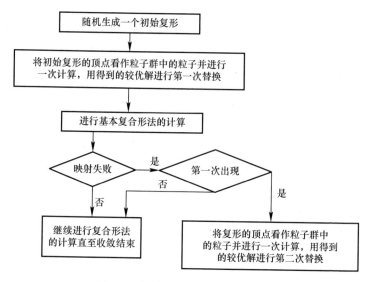

图 3-7　粒子群复合形法大致流程图

表 3-16～表 3-21 给出了粒子群复合形法三种 w 值下的寻优成功率。

土坡 1 粒子群复合形法（$w=0.1$）寻优成功率（％）　　表 3-16

误差阈值	搜索域 1			搜索域 2			搜索域 3		
	1.3	5.0	13.0	1.3	5.0	13.0	1.3	5.0	13.0
0.01	72	88	76	58	78	76	82	80	78
0.03	98	100	98	88	94	98	92	94	100
0.05	98	100	98	94	96	100	92	96	100
0.07	100	100	98	94	100	100	96	100	100
0.10	100	100	98	94	100	100	96	100	100

土坡2粒子群复合形法(w=0.1)寻优成功率（％）　　表3-17

误差阈值	搜索域1			搜索域2			搜索域3		
	1.3	5.0	13.0	1.3	5.0	13.0	1.3	5.0	13.0
0.01	70	88	92	68	84	82	72	92	90
0.03	98	96	100	92	96	98	92	98	96
0.05	98	96	100	96	100	100	100	100	98
0.07	98	100	98	100	100	100	100	100	100
0.10	100	100	98	100	100	100	100	100	100

土坡1粒子群复合形法(w=0.5)寻优成功率（％）　　表3-18

误差阈值	搜索域1			搜索域2			搜索域3		
	1.3	5.0	13.0	1.3	5.0	13.0	1.3	5.0	13.0
0.01	80	80	82	40	72	60	78	82	86
0.03	98	96	98	84	96	94	96	98	100
0.05	100	98	100	96	98	94	96	98	100
0.07	100	100	100	96	100	96	98	100	100
0.10	100	100	100	98	100	100	98	100	100

土坡2粒子群复合形法(w=0.5)寻优成功率（％）　　表3-19

误差阈值	搜索域1			搜索域2			搜索域3		
	1.3	5.0	13.0	1.3	5.0	13.0	1.3	5.0	13.0
0.01	76	86	80	68	82	80	80	82	84
0.03	96	100	98	92	98	96	92	96	98
0.05	100	98	94	100	100	96	100	100	100
0.07	100	100	98	100	100	98	100	100	100
0.10	100	100	100	100	100	98	100	100	100

土坡1粒子群复合形法(w=0.9)寻优成功率（％）　　表3-20

误差阈值	搜索域1			搜索域2			搜索域3		
	1.3	5.0	13.0	1.3	5.0	13.0	1.3	5.0	13.0
0.01	72	60	70	34	58	50	76	72	74
0.03	94	90	98	64	92	76	94	98	92
0.05	94	92	98	80	96	88	98	98	94
0.07	96	98	98	84	96	94	100	98	96
0.10	98	98	98	96	98	96	100	98	98

土坡 2 粒子群复合形法($w=0.9$)寻优成功率（%）　表 3-21

误差阈值	搜索域 1			搜索域 2			搜索域 3		
	1.3	5.0	13.0	1.3	5.0	13.0	1.3	5.0	13.0
0.01	70	72	86	54	80	76	58	78	80
0.03	84	94	92	84	96	90	84	94	92
0.05	98	98	96	90	96	96	88	98	98
0.07	98	100	96	92	96	98	92	100	100
0.10	100	100	98	98	98	98	98	100	100

以土坡 1 搜索域 3 为例，$w=0.1$ 时，SPSO 的全局寻优成功率为 0，MPSO 为 16%，APSO 为 0，粒子群复合形法的全局寻优成功率（三种不同 α_{ini} 值下平均）为 80%，粒子群复合形法较之 MPSO 提高 64%；$w=0.5$ 时，SPSO 的全局寻优成功率为 0，MPSO 为 16%，APSO 为 0，粒子群复合形法的全局寻优成功率（三种不同 α_{ini} 值下平均）为 82%，粒子群复合形法较之 MPSO 提高 66%；$w=0.9$ 时，SPSO 的全局寻优成功率为 0，MPSO 为 0，APSO 为 0，粒子群复合形法的全局寻优成功率（三种不同 α_{ini} 值下平均）为 74%，粒子群复合形法较之 MPSO 提高 74%。

$\alpha_{ini}=1.3$、5.0、13.0 时，改进复合形法的全局寻优成功率分别为 22%、46%、44%，$w=0.1$ 时，粒子群复合形法为 82%、80%、78%；$w=0.5$ 时，粒子群复合形法为 78%、82%、86%；$w=0.9$ 时，粒子群复合形法为 76%、72%、74%。比较可知，w 取 0.5 时算法的优异程度最大，但与其他 w 值下差距不大，这说明粒子群复合形法中 w 取值较容易确定。

3.5　引入退火机制的复合形法

3.5.1　模拟退火算法（Simulated Annealing）

SA 的思想是由 Metropolis 等（1953 年）提出的，1983 年

Kirkpatrick[138]等将其用于组合优化。它是基于 Monte Carlo 迭代求解策略的一种随机寻优方法，其出发点是基于物理中固体物质的退火过程与一般组合优化问题之间的相似性。模拟退火算法在某一初温下，伴随温度参数的不断下降，结合概率突跳特性在解空间中随机寻找目标函数的全局最优解，即在局部最优解能概率性地跳并最终趋于全局最优解。

简单而言，物理退火过程由以下三部分组成：

（1）加温过程。其目的是增强粒子的热运动，使其偏离平衡位置。当温度足够高时，固体将熔解为液体，从而消除系统原先可能存在的非均匀态，使随后进行的冷却过程以某一平衡态为起点，熔解过程与系统的熵增过程相联系，系统能量也随温度的升高而增大。

（2）等温过程。物理学的知识告诉我们，对于与周围环境交换热量而温度不变的封闭系统，系统状态的自发变化总是朝自由能减小的方向进行，当自由能达到最小时，系统达到平衡状态。

（3）冷却过程。其目的是使粒子的热运动减弱并逐渐趋于有序，系统能量逐渐下降，从而得到低能态的晶体结构。

优化问题与物理退火的比拟见表 3-22，图 3-8 给出了模拟退火算法的流程。

组合优化与物理退火的比拟　　表 3-22

组合优化	物理退火	组合优化	物理退火
解	粒子状态	Metropolis 抽样	等温过程
最优解	能量最低态	控制参数下降	冷却
设定初温	熔解过程	目标函数	能量

Metropolis 抽样稳定准则或称内循环终止准则，用于决定在各温度下产生候选解的数目。常用的抽样稳定准则包括：（1）检验目标函数的均值是否稳定；（2）连续若干步的目标值变化较小；（3）按一定的步数抽样。

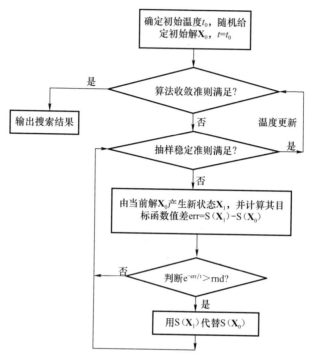

图 3-8　模拟退火算法流程图

　　本文中内循环终止准则采用按一定步数抽样（Ns）准则。算法终止准则即外循环终止准则，用于决定算法何时结束。设置温度终值 t_e 是一种简单的方法。模拟退火算法收敛性理论中要求 $t_e \rightarrow 0$，这显然是不实际的。通常的做法包括：（1）设置终止温度的阈值；（2）设置外循环迭代次数；（3）算法搜索到的最优解连续若干步保持不变；（4）检验系统熵是否稳定。本文中采用设置温度阈值（终止温度 t_e）方法。温度更新函数采用指数退温函数（$t_{k+1} = \lambda t_k$），另外加上初始温度 t_0 共计 4 个参数。

　　首先对计算参数进行敏感性分析（以土坡 1 域 1、土坡 2 域 1 为例），计算时，将 50 组初始复形中的第一个顶点作为模拟退火算法的初始最优解，平均最优安全系数是 50 个结果的平均值。对 t_0、t_e、λ、Ns 分别设置 50，100，200；0.001，0.01，0.1；

0.8,0.9,0.99;50,100,200 三个水平。其构成的正交试验表以及试验结果如表 3-23 所示。

正交试验表以及试验结果　　　　表 3-23

试验号 \ 因素	t_0	t_e	λ	Ns	平均最优安全系数	
					土坡 1	土坡 2
1	1(50.0)	1(0.001)	1(0.8)	1(50)	1.445	1.503
2	1(50.0)	2(0.01)	2(0.9)	2(100)	1.397	1.438
3	1(50.0)	3(0.1)	3(0.98)	3(200)	1.454	1.559
4	2(100.0)	1(0.001)	1(0.8)	2(100)	1.376	1.447
5	2(100.0)	2(0.01)	2(0.9)	3(200)	1.338	1.426
6	2(100.0)	3(0.1)	3(0.98)	1(50)	1.507	1.616
7	3(200.0)	1(0.001)	2(0.9)	1(50)	1.356	1.436
8	3(200.0)	2(0.01)	3(0.98)	2(100)	1.330	1.399
9	3(200.0)	3(0.1)	1(0.8)	3(200)	1.605	1.596
10	1(50.0)	1(0.001)	3(0.98)	3(200)	1.319	1.375
11	1(50.0)	2(0.01)	1(0.8)	1(50)	1.611	1.560
12	1(50.0)	3(0.1)	2(0.9)	2(100)	1.646	1.753
13	2(100.0)	1(0.001)	2(0.9)	3(200)	1.324	1.392
14	2(100.0)	2(0.01)	3(0.98)	1(50)	1.341	1.417
15	2(100.0)	3(0.1)	1(0.8)	2(100)	1.785	1.806
16	3(200.0)	1(0.001)	3(0.98)	2(100)	1.320	1.384
17	3(200.0)	2(0.01)	1(0.8)	3(200)	1.356	1.441
18	3(200.0)	3(0.1)	2(0.9)	1(50)	1.776	1.808

极差分析结果　　　　表 3-24

水平 \ 因素	t_0		t_e		λ		Ns	
	土坡 1	土坡 2	土坡 1	土坡 2	土坡 1	土坡 2	土坡 1	土坡 2
Ⅰ	1.479	1.531	1.357	1.423	1.530	1.559	1.506	1.557
Ⅱ	1.445	1.517	1.396	1.447	1.473	1.542	1.476	1.538
Ⅲ	1.457	1.511	1.629	1.690	1.378	1.458	1.399	1.465
极差	0.033	0.021	0.272	0.267	0.151	0.101	0.107	0.092
次序	4	4	1	1	2	2	3	3

因素	离差平方和Σ		自由度 f	平均离差平方和		F 值		临界值 F		敏感性次序	
	土坡1	土坡2		土坡1	土坡2	土坡1	土坡2	$F_{0.05}$	$F_{0.01}$	土坡1	土坡2
t_0	0.0034	0.0013	2	0.0017	0.00066	0.292	0.222			4	4
t_e	0.2600	0.2614	2	0.1300	0.1307	21.99	43.71			1	1
λ	0.0699	0.0348	2	0.0349	0.0174	5.915	5.82	4.26	8.02	2	2
Ns	0.0362	0.0282	2	0.0181	0.0141	3.065	4.72			3	3
公差	0.0532	0.0269	9	0.00591	0.00299						

由正交试验极差分析结果可以看出，t_e 对计算结果最敏感，接下来依次是 λ、Ns、t_0。其次由正交试验方差分析结果看出，t_e 的 F 值大于 $F_{0.01}$，对计算结果影响非常显著，而 t_0 的影响不显著。首先取表 3-23 中第 10 组参数（参数 I）即 $t_0 = 50.0$，$t_e = 0.001$，$\lambda = 0.98$，$Ns = 200$，对土坡 1、土坡 2 进行了计算，计算结果示于图 3-9 中，表 3-26 给出了相应的寻优成功率。另外为了比较不同退火参数对算法搜索能力的影响，任意取 $t_0 = 10.0$，$t_e = 0.01$，$\lambda = 0.8$，$Ns = 20$（参数 II），计算结果列于表 3-27，相应的寻优成功率见表 3-28。

土坡 误差阈值	土坡 1			土坡 2		
	搜索域 1	搜索域 2	搜索域 3	搜索域 1	搜索域 2	搜索域 3
0.01	8	0	6	14	6	8
0.03	100	78	100	94	94	94
0.05	100	98	100	100	100	100
0.07	100	100	100	100	100	100
0.10	100	100	100	100	100	100

3.5.2　退火复合形法

复合形法能否搜索到全局最优值关键取决于其初始复形顶点的分布，若能在全局最优值附近邻域构建初始复形，则利用复合形法能迅速搜索到全局最优值。然而，初始复形顶点大都由程序随机生成，且有时并不能事先给出全局最优值的大致范围。在基本复合形法中，当关于最坏点映射失败时，认为算法已经有陷入局部极优的迹象。此时若能引入退火机制来跳离局部极优，给复合形法指出一条通向全局最优的道路，进而继续用复合形法来搜索，会收到较好的效果。其具体的求解步骤为：

（1）随机产生初始复形的 $k = 6$ 个可行顶点，记为 $\mathbf{X}^1$，$\mathbf{X}^2$，……，$\mathbf{X}^6$；

（2）$num = 1$，$jishu = 1$，$\varepsilon = 0.001$，$\xi = 1.0e^{-5}$；

（3）计算 6 个可行顶点的安全系数 $S(\mathbf{X}^i)$，$i = 1，6$；

（4）计算最好点 $S(\mathbf{X}^g)$ 和最坏点 $S(\mathbf{X}^b)$ 及第 num 坏点 $S(\mathbf{X}^{nb})$；

（5）若 $|S(\mathbf{X}^g) - S(\mathbf{X}^b)| < \varepsilon$，将最好点 $\mathbf{X}^g$ 作为最优点输出；若 $|S(\mathbf{X}^g) - S(\mathbf{X}^b)| > \varepsilon$，则转（6）；

（6）计算除第 num 坏点外其余各点的中心点 $\mathbf{X}^o$，$\mathbf{X}^o = \dfrac{1}{6-1} \sum\limits_{\substack{j=1 \\ j \neq nb}}^{6} \mathbf{X}^j$，若 $\mathbf{X}^o$ 点可行，α_{bui} 取 1.3，计算 $\mathbf{X}^r = \mathbf{X}^o + \alpha(\mathbf{X}^o - \mathbf{X}^{nb})$，转（7）；若 $\mathbf{X}^o$ 点不可行（此时可行域非凸），则以 $\mathbf{X}^g$ 为起点，$\mathbf{X}^o$ 为端点重新形成初始复形顶点，返回（3）；

（7）若 $\mathbf{X}^r$ 可行，则转（8），否则 $\alpha = \alpha \times 0.5$，直至 $\mathbf{X}^r$ 可行，然后转（8）；

（8）比较 $S(\mathbf{X}^r)$ 和 $S(\mathbf{X}^{nb})$ 之间的关系，若 $S(\mathbf{X}^r) < S(\mathbf{X}^{nb})$，则以 $\mathbf{X}^r$ 代替 $\mathbf{X}^{nb}$，$S(\mathbf{X}^r)$ 代替 $S(\mathbf{X}^{nb})$，并判断 num 是否为 1，若不为 1 则将 num 设为 1，返回（4）；若 $S(\mathbf{X}^r) > S(\mathbf{X}^{nb})$，则 $\alpha = \alpha \times 0.5$，直至 $S(\mathbf{X}^r) < S(\mathbf{X}^{nb})$ 为止，并返回（4）；若 $\alpha < \xi$ 时 $S(\mathbf{X}^r) < S(\mathbf{X}^{nb})$ 仍未满足，则关于最坏点映射失败，判断 $jishu$ 是否为 1，若为 1，则将 $\mathbf{X}^{nb}$ 作为模拟退火算法的初始最优点 $\mathbf{X}_0$ 进行退火计算，并将退火得到的最优值替换掉 $\mathbf{X}^{nb}$，$jishu - jishu + 1$ 返回（4）；若不为 1，则 $num = num + 1$，返回（4）。

在本文引入退火机制的复合形法的具体实施过程中，有两个计数器的作用需说明一下，计数器 num 是用来实现利用次坏点代替最坏点的迭代过程；计数器 $jishu$ 是用来判断在出现关于最坏点映射失败时是否进行退火计算。

采用与基本模拟退火算法相同的计算参数Ⅰ，退火复合形法的计算结果见图 3-9，退火复合形法的寻优成功率见表 3-29 和表 3-30。计算参数Ⅱ下，模拟退火算法与退火复合形法的平均最优值比较见表 3-27，退火复合形法的寻优成功率见表 3-31 和表 3-32。

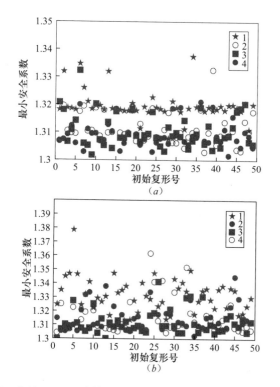

图 3-9　土坡 1、2 退火算法与退火复合形法结果（参数Ⅰ）（一）

（a）土坡 1 搜索域 1 结果；（b）土坡 1 搜索域 2 结果

注：1　代表退火算法；2　代表 $\alpha_{ini} = 1.3$；3　代表 $\alpha_{ini} = 5.0$；

4　代表 $\alpha_{ini} = 13.0$ 下的退火复合形法。

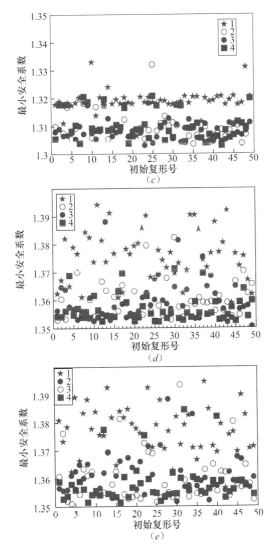

图 3-9　土坡 1、2 退火算法与退火复合形法结果（参数Ⅰ）（二）

(c) 土坡 1 搜索域 3 结果；(d) 土坡 2 搜索域 1 结果；(e) 土坡 2 搜索域 2 结果

注：1　代表退火算法；2　代表 α_{ini}＝1.3；3　代表 u_{ini}－5.0；

4　代表 α_{ini}＝13.0 下的退火复合形法。

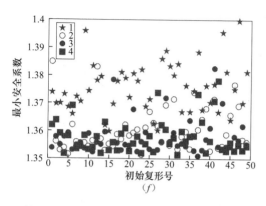

图 3-9　土坡 1、2 退火算法与退火复合形法结果（参数Ⅰ）（三）

（f）土坡 2 搜索域 3 结果

注：1　代表退火算法；2　代表 $\alpha_{ini}=1.3$；3　代表 $\alpha_{ini}=5.0$；
　　4　代表 $\alpha_{ini}=13.0$ 下的退火复合形法。

退火复合形法与退火算法(参数Ⅱ)下平均最优值比较　表 3-27

方法	土坡	土坡 1			土坡 2		
		域 1	域 2	域 3	域 1	域 2	域 3
SACM	1.3	1.398	1.405	1.413	1.451	1.424	1.409
	5.0	1.350	1.363	1.392	1.379	1.389	1.417
	13.0	1.393	1.361	1.372	1.434	1.404	1.395
SA	参数Ⅱ	1.878	1.675	1.785	1.782	1.759	1.690

模拟退火算法(参数Ⅱ)下寻优成功率比较（%）　表 3-28

误差阈值	土坡	土坡 1			土坡 2		
		搜索域 1	搜索域 2	搜索域 3	搜索域 1	搜索域 2	搜索域 3
0.01		0	0	0	0	0	0
0.03		0	2	4	0	0	0
0.05		2	4	12	2	0	0
0.07		4	6	14	6	2	2
0.10		8	8	16	14	10	10

退火复合形法(参数 I)土坡 1 寻优成功率（%）　　表 3-29

误差阈值	搜索域 1			搜索域 2			搜索域 3		
	1.3	5.0	13.0	1.3	5.0	13.0	1.3	5.0	13.0
0.01	70	72	82	58	70	64	78	92	76
0.03	100	100	100	98	98	92	100	100	100
0.05	100	100	100	100	100	100	100	100	100
0.07	100	100	100	100	100	100	100	100	100
0.10	100	100	100	100	100	100	100	100	100

退火复合形法(参数 I)土坡 2 寻优成功率（%）　　表 3-30

误差阈值	搜索域 1			搜索域 2			搜索域 3		
	1.3	5.0	13.0	1.3	5.0	13.0	1.3	5.0	13.0
0.01	80	78	90	74	80	92	76	88	88
0.03	100	100	100	100	98	100	100	100	100
0.05	100	100	100	100	100	100	100	100	100
0.07	100	100	100	100	100	100	100	100	100
0.10	100	100	100	100	100	100	100	100	100

退火复合形法(参数 II)土坡 1 寻优成功率（%）　　表 3-31

误差阈值	搜索域 1			搜索域 2			搜索域 3		
	1.3	5.0	13.0	1.3	5.0	13.0	1.3	5.0	13.0
0.01	32	56	58	28	58	54	36	60	56
0.03	60	80	78	62	68	84	66	70	82
0.05	70	82	80	72	82	86	76	80	86
0.07	74	92	80	74	82	88	80	80	86
0.10	84	94	86	80	82	90	80	80	88

退火复合形法(参数 II)土坡 1 寻优成功率（%）　　表 3-32

误差阈值	搜索域 1			搜索域 2			搜索域 3		
	1.3	5.0	13.0	1.3	5.0	13.0	1.3	5.0	13.0
0.01	38	72	64	52	62	84	58	72	68
0.03	58	86	82	80	74	90	78	80	78
0.05	70	90	84	80	88	90	86	80	80
0.07	76	90	86	84	88	92	86	84	90
0.10	76	92	86	86	92	92	90	84	94

模拟退火算法取参数Ⅰ时，由图 3-9 可见，标识符为★的点较之其他标识符更多的远离全局最优值，说明基本模拟退火法解有较大的离散性，而退火复合形法的全局搜索能力有了很大提高。以土坡 1 搜索域 3 为例，$\alpha_{ini}=13.0$ 时，改进复合形法的全局寻优成功率分别为 44%；退火复合形法为 76%；模拟退火算法为 6%，退火算法的全局搜索能力并没有改进的复合形法强，而退火复合形法较之改进的复合形法提高幅度为 32%。改进复合形法的准最优值成功率为 60%；退火复合形法为 100%；模拟退火算法也为 100%。

模拟退火算法取参数Ⅱ时，以土坡 1 搜索域 3 为例，模拟退火算法结果为 1.785，当 $\alpha_{ini}=13.0$ 时，由表 3-1 可知，已有复合形法结果为 1.796，改进复合形法为 1.516，而退火复合形法为 1.372。模拟退火算法的结果比改进复合形法差，但是退火复合形法的结果却比改进复合形法优异很多。从寻优成功率角度看，退火算法全局寻优成功率为 0，退火复合形法为 58%，较之改进复合形法提高 14%；退火算法的准最优值成功率为 4%，退火复合形法为 78%，较之改进复合形法提高 18%。

参数Ⅰ是根据正交试验选取的，此时退火算法的准最优值成功率比改进复合形法高 40%，任意给定参数Ⅱ下，退火算法的准最优值成功率比改进复合形法低 56%，两种参数下退火复合形法比改进复合形法、退火算法都优异，只是搜索能力提高的幅度不同，模拟退火算法的参数选取比较困难，参数选取不当会导致退火不充分，继而导致模拟退火算法全局搜索能力很低，但是其结果往往具有较强的爬山能力，可以为陷入局部极优的复合形法指明方向，从而跳离局部极优。

3.6　极限平衡方法对算法分析能力的影响

前几节均使用最简单的瑞典圆弧法求解给定滑动面的安全

系数，为了讨论不同极限平衡方法对算法寻优成功率的影响，本节利用简化毕肖普法[6]来确定给定圆弧滑动面的安全系数，该法假定条间力方向水平，其典型土条的受力分析如图 3-10 所示。其具体计算公式为：

$$S(x_o, y_o, R) = \frac{\sum\limits_{i=1}^{N} \dfrac{1.0}{m_{a_i}} \times ((W_i - U_i \cos\alpha_i) \times \tan\phi_i + co_i \times \cos\alpha_i)}{\sum\limits_{i=1}^{N} W_i \sin\alpha_i + Q_i \times R_d / R}$$

(3.16)

$$m_{a_i} = \cos\alpha_i + \frac{\tan\phi_i}{F_s} \times \sin\alpha_i$$

(3.17)

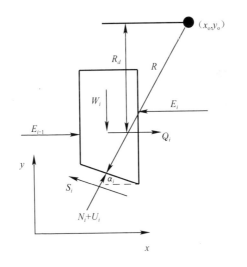

图 3-10　典型土条受力分析

式 (3.16)、(3.17) 及图 3-10 中 W_i 为土条 i 重力，co_i 为土条底部总凝聚力，Q_i 为水平向的外荷载，N_i，U_i 为条底的有效法向力和孔隙水压力，S_i 为条底剪切力，R_d 为 Q_i 对滑弧圆心的力臂，E_i，E_{i-1} 为条间力，其余变量含义同前。

取 $N=25$，利用简化毕肖普法确定给定圆弧滑动面的安全系数，选用已有复合形法、改进复合形法、粒子群复合形法（$w=0.5$）搜索最小的安全系数，对土坡1、2分析的结果见表3-33～表3-37。土坡1的最小安全系数为1.50，土坡2的最小安全系数为1.550，与邹广电[77]结果1.542差不多。

基本复合形法平均最优值比较　　　表 3-33

方法	土坡	土坡 1			土坡 2		
		域 1	域 2	域 3	域 1	域 2	域 3
EBCM	1.3	2.200	2.210	2.108	2.090	2.153	2.121
	5.0	2.194	2.256	2.115	2.029	2.163	2.078
	13.0	2.120	2.247	2.135	2.124	2.013	2.012
IBCM	1.3	1.899	1.854	1.831	1.849	1.878	1.814
	5.0	1.770	1.801	1.777	1.785	1.838	1.766
	13.0	1.833	1.792	1.753	1.790	1.798	1.755

由表 3-33 可知，相同条件下改进复合形法的平均最优值均比已有复合形法低，这说明，无论采取何种方法计算给定滑动面安全系数，只要条件相同，改进复合形法的搜索能力都比已有复合形法高，这也是本文为什么采取瑞典圆弧法计算安全系数的原因，读者可根据情况采用合适的方法计算安全系数，而本文主要是研究给定安全系数计算方法后，如何搜索到最小的安全系数。

土坡 1 基本复合形法寻优成功率比较（％）　　　表 3-34

σ	搜索域 1						搜索域 2						搜索域 3					
	EBCM			IBCM			EBCM			IBCM			EBCM			IBCM		
	1.3	5.0	13	1.3	5.0	13	1.3	5.0	13	1.3	5.0	13	1.3	5.0	13	1.3	5.0	13
0.01	0	2	2	0	8	8	0	0	6	10	6		4	4	0	6	16	0
0.03	0	2	6	0	10	8	0	4	6	12	6		4	4	0	6	16	2
0.05	26	14	26	44	60	56	20	12	16	52	54	62	28	18	18	52	58	62
0.07	26	14	26	46	60	56	24	16	18	54	56	62	28	20	20	52	62	68
0.10	26	18	30	50	66	58	24	18	18	54	62	64	32	22	20	54	64	70

土坡 2 基本复合形法寻优成功率比较（%）　　表 3-35

σ	搜索域 1						搜索域 2						搜索域 3					
	EBCM			IBCM			EBCM			IBCM			EBCM			IBCM		
	1.3	5.0	13	1.3	5.0	13	1.3	5.0	13	1.3	5.0	13	1.3	5.0	13	1.3	5.0	13
0.01	6	8	8	28	40	26	10	8	14	32	38	36	6	8	14	28	30	36
0.03	12	22	14	38	52	42	14	12	24	40	50	54	20	14	22	40	46	50
0.05	14	22	18	42	56	54	16	12	30	40	50	58	28	20	32	42	54	56
0.07	20	24	20	42	58	58	18	14	32	42	54	60	28	28	34	42	60	62
0.10	22	28	24	50	58	62	20	14	36	48	56	62	32	34	38	46	64	70

土坡 1 搜索域 3 下，α_{ini} =13.0 时，已有基本复合形法的全局寻优成功率为 0，准最优值成功率和较优值成功率为 0、18%；相同条件下，改进复合形法为 0、2%、62%，虽然改进复合形法的全局寻优成功率没有提高，但其较优值成功率提高幅度为 60%，这说明采取不同方法计算安全系数后，改进复合形法仍然比已有复合形法优异，只是提高的幅度不同而已，从粒子群复合形法的寻优成功率比较也可得出同样的结论，譬如采用瑞典法计算安全系数时，粒子群复合形法全局寻优成功率较之改进复合形法提高 42%，简化毕普法下提高幅度为 50%。所以本文在研究优化算法寻优成功率时，采用了比较简单的瑞典法计算圆弧滑动面的安全系数。

土坡 1 粒子群复合形法(w=0.5)寻优成功率比较（%）　　表 3-36

误差阈值	搜索域 1			搜索域 2			搜索域 3		
	1.3	5.0	13.0	1.3	5.0	13.0	1.3	5.0	13.0
0.01	44	50	54	36	46	40	40	42	50
0.03	62	66	66	54	50	58	54	56	74
0.05	94	92	98	90	100	94	90	90	96
0.07	100	92	100	92	100	98	96	92	100
0.10	100	92	100	92	100	98	96	96	100

土坡 2 粒子群复合形法($w=0.5$)寻优成功率比较（％）　　表 3-37

误差阈值	搜索域 1			搜索域 2			搜索域 3		
	1.3	5.0	13.0	1.3	5.0	13.0	1.3	5.0	13.0
0.01	62	66	64	66	52	48	48	58	58
0.03	84	88	84	82	78	74	80	82	88
0.05	88	94	90	84	84	78	86	88	92
0.07	88	98	92	86	88	86	86	90	94
0.10	92	100	92	94	98	90	92	96	94

3.7　小结

将已有复合形法中关于最坏点映射失败现象的处理措施完善，构成了改进的复合形法，同时将新近发展的蚁群算法、粒子群算法、模拟退火算法与基本复合形法结合起来，联合求解土坡最危险圆弧滑动面，对土坡 1、2 搜索结果表明：

基本复合形法中映射系数初值不能只取 1.3，在土坡临界滑动面搜索中取较大值往往具有更高的寻优成功率，改进的复合形法不仅比已有复合形法全局寻优成功率高，而且对搜索域的依赖性大大降低；应用蚁群算法求解连续变量优化问题时，引入基于排序的路径选择方式可以得到比随机选择策略下更好的解，将蚁群算法得到的较优解，基于最小海明距离替换准则，构成的蚁群复合形法寻优成功率为 100％，但是其算法参数较多，而且需要进行参数的敏感性分析才能确定较好的计算参数；而粒子群复合形法中 w 值对计算结果影响不大，通常取 0.5 就可获得较好的结果，综合来讲，推荐使用粒子群复合形法求解土坡圆弧滑动面的最小安全系数；在实际应用中，模拟退火算法由于不能保证退火足够充分而导致算法的全局搜索能力较低，而其搜索到的较优值可以帮助陷入局部最优值的基本复合形法跳离局部最优值。

4 新型复合形法

本章首先对基本复合形法全局搜索能力不强的原因进行了总结，并给出了相应的解决措施，构成了多样复合形法。此外还尝试利用不同于最坏点的顶点来搜索解空间，构成了新型的复合形法。最后将基本复合形法通过寻优直线来搜索新解的探索方式与退火算法、李晓磊鱼群算法结合起来，形成了禁忌退火复合形法和禁忌鱼群算法。

4.1 基本复合形法缺陷及改进措施

4.1.1 缺陷

1. 复形多样性保持差

基本复合形法全局搜索能力不强，这主要是因为其寻优思想仅仅考虑了目标函数值的改进，而忽视了保持复形顶点多样性这一重要因素。从映射收缩算子可以看出，在搜索改善点 r 时，除 b 点外所有顶点的信息被综合为一点 o，该综合过程与遗传算法中的交叉算子类似，只不过后者仅仅利用了两个个体的信息，而前者利用了多个个体的信息而已。这说明复合形法从根本上而言也是一种群体搜索算法，而群体搜索算法如遗传算法往往由于群体的多样性没有得到很好地保持而收敛于局部极小值，若在某次替换后生成的新复形顶点的多样性很差，则搜索也容易陷入局部极优值。

2. 局部搜索

基本复合形法中 α 始终大于 0，反映到映射收缩过程中即仅仅对图 3-2 中寻优直线的实线部分进行了探索，而忽略了位于虚线上的可行点，从该角度出发可以认为基本复合形法中的映射收缩算子是局部（单侧）映射收缩算子。KENNETHA CUNEFRE[139] 提出了双侧映射收缩算子，即当 $\alpha \to 0$ 时若没有找到 r 点，则赋 $\alpha_{ini} = -\alpha_{ini}$ 对寻优直线上的虚线部分进行搜索。但无论基本复合形法还是 KENNETHA. CUNEFRE 都将 α 视为固定值，这不仅带来参数取值问题而且还存在"无为计算"的缺点，所谓"无为计算"是指映射系数 α 取得过大，造成搜索点越界导致不可行。

4.1.2　改进措施

针对基本复合形法搜索不完全、映射系数取值不灵活等缺陷，提出了动态全域映射收缩算子。确定最坏点 $\mathbf{X}^b = (x_{b1}, x_{b2}, \cdots\cdots, x_{bn})$ 和中心点 $\mathbf{X}^o = (x_{o1}, x_{o2}, \cdots\cdots, x_{on})$ 后，映射系数 α 的最大、最小值 α_{max}，α_{min} 可用下述程序产生：

For $i = 1$ to n

$$\alpha_{l_i} = \frac{(l_i - x_{oi})}{(x_{oi} - x_{bi})} \quad \alpha_{u_i} = \frac{(u_i - x_{oi})}{(x_{oi} - x_{bi})}$$

$$\alpha_{i,1} = \min(\alpha_{l_i}, \alpha_{u_i}) \quad \alpha_{i,2} = \max(\alpha_{l_i}, \alpha_{u_i}) \quad (4.1)$$

Next i

$$\alpha_{min} = \max\{\alpha_{i,1}\}_{i=1,2,\cdots n} \quad \alpha_{max} = \min\{\alpha_{i,2}\}_{i=1,2,\cdots n}$$

在每次映射收缩时，首先赋 $\alpha_{ini} = \alpha_{max}$，在寻优直线的实线部分搜索改善点 r，若当 $\alpha \to 0$ 时仍没有找到，则赋 $\alpha_{ini} = \alpha_{min}$ 在寻优直线的虚线部分再次寻找改善点 r，这种映射收缩算子称为动态全域映射收缩算子。

针对基本复合形法复形多样性保持差的缺陷，本文探讨了多种改进的思路，将在下文中给出。

4.2　多样复合形法

为了保持每次替换后生成的新复形顶点多样性，在关于各顶点的寻优直线上分别寻求比其改善的新顶点构成多个新复形，在多个新复形中选择顶点多样性最高的新复形作为该次替换的结果，形成了多样复合形法。下面首先介绍复形顶点多样性的度量方法。

4.2.1 复形顶点多样性度量

复形顶点的多样性除了可以用复形中心距 P_c（P_c 越大，复形顶点多样性越大，反之亦然）来度量外，还可以用共享度、复形相似距来衡量。

1. 共享度

复形中两个顶点 X^i 和 X^j 之间关系的密切程度可用共享函数 SH（H_{ij}）表示，其中 SH 表示顶点之间的某种关系，具体表达如式（4.1）。顶点之间的密切程度主要体现在顶点的相似性上，当顶点之间比较相似时，其共享函数值就比较大。共享度 SH_i 是顶点 i 在复形中共享程度的一种度量，它定义为顶点 i 与其他各个顶点间的共享函数值之和：

$$SH(H_{ij}) = 1 - \frac{H_{ij}}{\sigma_{share}} \qquad (4.2)$$

$$SH_i = \sum_{j-1}^{k} SH(H_{ij}) \qquad (4.3)$$

本文中取小生境半径 σ_{share} 为复形中任意两顶点的最大可能海明距离：

$$\sigma_{share} = \sqrt{\sum_{j-1}^{n} (u_j - l_j)^2} \qquad (4.4)$$

利用改进点 X^r 替换掉 X^b 后构成新复形顶点的多样性可用 SH_b 表示。SH_b 越小表明复形顶点的多样性越大，反之亦然。

2. 复形相似距

若定义复形中海明距离最小的两点称为"复形相似两点"。图 4-1 表示了 $n=2$，$k=4$ 时复形顶点分布情况，图中顶点 3 和顶点 4 为"复形相似两点"，复形相似两点之间的海明距离称为

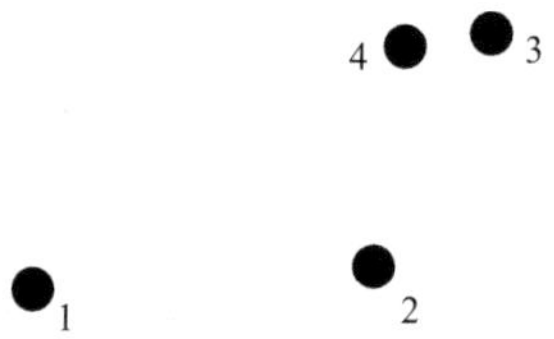

图 4-1　复形相似两点示意图

复形相似距，复形相似距越小，复形中包含的冗余信息就越多，下一步迭代可利用的有效信息就越少，导致算法陷入局部最优的概率就增大。所以复形相似距在一定程度上反映了复形顶点的多样性。复形相似距越大，在一定程度上表征了复形顶点的多样性越强，反之亦然。

4.2.2　多样复合形法

本文构造的多样复合形法的思路为，算法不仅在关于最坏点 b 的寻优直线上搜索改善点 r，而是在关于各个顶点的寻优直线上均搜索比各自顶点优异的点，并且将搜索到的点替换掉各自顶点并保持其他顶点不变构成多个新复形，分别采用介绍的三种度量方式确定新复形的多样性，从中选择多样性最强的新复形作为下次迭代的初始复形，多样复合形法的流程图如图 4-2所示。

4.3　冗余顶点替换的复合形法

4.3.1　顶点冗余度

在距离空间内某顶点（如 i）的冗余度即该顶点与复形中其他各顶点相似程度可以用共享度 SH_i 来度量。在顶点的目标函数空间内，顶点 i 的冗余度 $Df(i)$ 可表示为该顶点的目标函数值与其他各顶点目标函数值差的绝对值之和的倒数[140]，用下式表示：

$$Df(i) = \frac{1}{\sum_{j=1}^{k} |S(i) - S(j)|} \tag{4.5}$$

顶点的 Df 值、SH 越大，表明目标函数空间内、距离空间

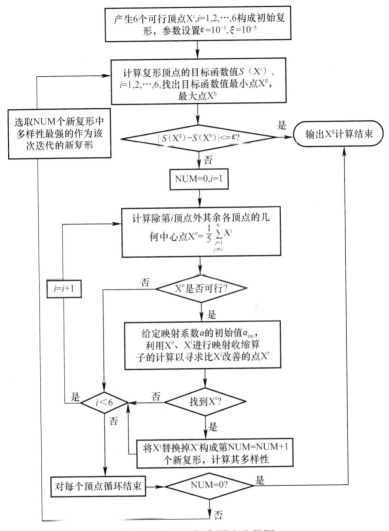

图 4-2　多样复合形法流程图

内该顶点的冗余度就越大。在基本复合形法迭代过程中，每当新复形构成就会产生一个具有最大冗余度的顶点，如果每次替换、迭代时最大冗余度的顶点都被替换掉，也可保持复形的多样性，这是另一种改进思路。

4.3.2 冗余顶点替换的复合形法步骤

选取 Df 值最大、SH 值最大的两个顶点分别进行映射收缩，同时采用动态全域映射收缩算子代替基本复合形法的局部映射收缩算子形成的复合形法称为新复合形法。冗余顶点替换的复合形法计算步骤如下：

（1）确定设计变量个数 $n=3$ 以及设计变量的上下限 $\mathbf{X}_U = (u_1, u_2, \cdots\cdots, u_n)$，$\mathbf{X}_L = (l_1, l_2, \cdots\cdots, l_n)$，在搜索域内随机产生 $k=6$ 个顶点 $\mathbf{X}^1$，$\mathbf{X}^2$，$\cdots\cdots$，$\mathbf{X}^6$ 构成初始复形，order=1。

（2）计算复形中 SH 值第 order 大顶点（该顶点的 SH 值在所有顶点中按降序排第 order 位，下同）$\mathbf{X}^{SH}$，Df 值第 order 大顶点 $\mathbf{X}^{DF}$，若 $\mathbf{X}^{SH}=\mathbf{X}^{DF}$ 转（3），否则转（4）。

（3）任取 $\mathbf{X}^{SH}$ 和 $\mathbf{X}^{DF}$ 中其一为最坏点 b，计算其余顶点的中心点 $\mathbf{X}^o = \dfrac{1}{k-1} \sum\limits_{\substack{i=1 \\ i \neq b}}^{k} \mathbf{X}^i$，并进行动态全域映射收缩算子的计算，若找到改善点 r 则利用 r 替换掉 b 构成新复形转（2），否则 order=order+1 转（2）。

（4）计算除 $\mathbf{X}^{SH}$ 外其余各点的中心点 $\mathbf{X}^{SHO} = \dfrac{1}{k-1} \sum\limits_{\substack{i=1 \\ i \neq SH}}^{k} \mathbf{X}^i$ 以及 $\mathbf{X}^{DFO} = \dfrac{1}{k-1} \sum\limits_{\substack{i=1 \\ i \neq Df}}^{k} \mathbf{X}^i$。利用 $\mathbf{X}^{SH}$ 和 $\mathbf{X}^{SHO}$ 进行动态全域映射收缩算子的计算，若找到改善点 r 则利用 r 替换掉 $\mathbf{X}^{SH}$；利用 $\mathbf{X}^{DF}$ 和 $\mathbf{X}^{DFO}$ 进行动态全域映射收缩算子的计算，若找到改善点 r 则利用 r 替换掉 $\mathbf{X}^{DF}$；若两次动态全域映射收缩算子的计算都没有找到改善点 r，则 order=order+1 转（2），否则转（2）。

计算终止准则有两个，其一为 order>6；其二为 $|S(X^g) - S(X^b)| < \varepsilon$，$\varepsilon=0.001$，g 代表目标函数值最小点，b 代表目标函数值最大点。程序计算过程中满足任一终止准则即停止迭代。

若仅定义距离空间内 *SH* 值最大的顶点为最坏点 b，分别采用双侧映射收缩算子和局部映射收缩算子进行寻优，构成的复合形法分别称为距离空间内双侧映射收缩和单侧映射收缩复合形法；仅定义目标函数空间内 *Df* 值最大的顶点为最坏点 b，分别采用双侧映射收缩算子和局部映射收缩算子进行寻优，构成的复合形法分别称为目标函数空间内双侧映射收缩和单侧映射收缩复合形法。

4.4 基于最大伪梯度搜索的多样复合形法

本文利用两边映射收缩算子代替局部收缩算子即给定映射系数初值 $\alpha_{ini} = cons\,(cons > 1.0)$，在 bo 连线的实线上搜索一个改善点 r_1，然后再给定 $\alpha_{ini} = -cons$，在 bo 连线的虚线上寻找一个改善点 r_2。

基本复合形法寻优采取最坏点替换策略，即每次迭代均替换掉当前复形中的最坏点 b，代之以目标函数值有所改善的新顶点 r。畅延青[141]在基本复合形法基础上，充分利用复合形网提供的信息，从众多可行方向中提出了搜索网的伪梯度方向。b 点和 o 点的连线实际上构造了一个类似于梯度的下降方向，假设在该直线上存在着目标函数值比 b 点改善的点。但是，最坏点 b 与其对应的 o 点构造的梯度不一定是最大的，即在该直线上目标函数值下降的幅度不是最大。对复形中的每个顶点 $\mathbf{X}^i$，均可求得与其对应的几何中心点 $\mathbf{X}^{io}$，构造伪梯度 gr_i 如下：

$$gr_i = \frac{abs\,(S(\mathbf{X}^i) - S(\mathbf{X}^{io}))}{\parallel \mathbf{X}^i - \mathbf{X}^{io} \parallel} \tag{4.6}$$

$$gr_h = \max\,\{gr_i\}\, \iota = 1, 2, \cdots, k \tag{4.7}$$

由式（4.7）可以确定顶点 $\mathbf{X}^h$ 及其所对应的几何中心点 $\mathbf{X}^{ho}$，在这两点的连线上目标函数值下降的幅度最大。在这两点的连线上进行两边映射收缩求出改善点 r_1，r_2 分别替换掉 $\mathbf{X}^h$ 构成两个新复形，SH_h 较大的新复形作为下次迭代的初始复形。该法既弥补了基本复合形法局部收缩的不足又在一定程度上考虑了复形顶点的多样性。图 4-3 给出了基于最大伪梯度搜索的多样复合形法的详细流程图。

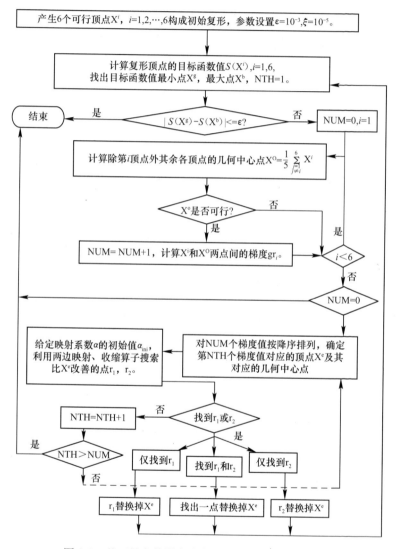

图 4-3　基于最大伪梯度搜索的多样复合形法流程图

4.5　基于最大熵原理的复合形法

我们认为，既然是对解空间进行探索、开发，就应该最大限度地利用当前复形的信息，为此本文提出了基于最大熵原理的复合形法。

4.5.1　信息熵

由信息理论可知，信息量蕴含于不确定性之中[142]。而不确定性在概率论中是用随机变量或随机事件来描述的。设随机变量 y，其可能的取值有 m 个，为 y_1，y_2，……，y_m，p_i 为 y 取 y_i 的概率，则随机变量 y 的信息熵 E：

$$F(y) = E(p_1, p_2, \cdots\cdots, p_m) = c \sum_{i=1}^{m} p_i \log_a^{p_i} \qquad (4.8)$$

式中 c 为一常数，具体值取决于熵的单位，选取不同的对数底，熵就有不同的单位，本文取 e 为底，此时 $c=1$，熵的单位为奈特。信息熵度量了随机变量 y 的不确定程度，可理解为物质系统内部状态的丰富度或复杂程度。

复形中每个顶点包含的信息量是不同的。给定复形中 k 个顶点为 $\mathbf{X}^1$，$\mathbf{X}^2$，……，$\mathbf{X}^k$，将 x_i，$i=1$，2，……，n，视为随机变量，其可能的取值有 k 个为 x_{1i}，x_{2i}，……，x_{ki}，p_{ji} 代表 x_i 取 x_{ji} 的概率，则第 i 个顶点 X^i 的信息熵为

$$E(X^i) = -\sum_{j=1}^{n} p_{ij} \ln p_{ij} \qquad (4.9)$$

式中：$p_{ji} = \dfrac{bottom_i}{dis_{ji}}$，$bottom_i = \min(dis_{ji})$，$dis_{ji} = abs(x_{ji} - eq_i)$，

$eq_i = \dfrac{1}{k} \sum_{j=1}^{k} x_{ji}$，$j=1$，$2$，……，$k$。

4.5.2　最大熵原理复合形法步骤

以式（3.1）所述的优化问题为例，介绍本文基于最大熵原

理的复合形法步骤如下：

（1）确定设计变量个数 $n=3$ 以及设计变量的上下限 $\mathbf{X}_U=(u_1,u_2,\cdots\cdots,u_n)$，$\mathbf{X}_L=(l_1,l_2,\cdots\cdots,l_n)$，在搜索域内随机产生 $k=6$ 个顶点 $\mathbf{X}^1,\mathbf{X}^2,\cdots\cdots,\mathbf{X}^6$ 构成初始复形，并计算各顶点的目标函数值 $S(\mathbf{X}^i)$，order＝1。

（2）计算复形中各顶点的 E 值，对所有顶点按 E 值降序排列，第 order 大顶点记为 $\mathbf{X}^E$。

（3）计算除 $\mathbf{X}^E$ 外其余顶点的几何中心点 $\mathbf{X}^{E_D}$，若 $\mathbf{X}^{E_D}$ 可行，则进行动态全域映射收缩算子的计算，若找到改善点 r，则利用 r 替换掉 b 构成新复形，赋 order＝1 转（2），若没有找到改善点 r，则 order＝order＋1 转（2）；若 $\mathbf{X}^{E_D}$ 不可行，则 order＝order＋1 转（2）。

计算终止准则有两个，其一为 order＞6；其二为 $|S(\mathbf{X}^g)-S(\mathbf{X}^b)|<\varepsilon$，$\varepsilon=0.001$，g 代表目标函数值最小点，b 代表目标函数值最大点。程序计算过程中满足任一终止准则即停止迭代。若在步骤（3）中采取局部映射收缩算子映射迭代，构成的复合形法称为单侧映射收缩最大熵原理复合形法，相应的称之为双侧映射收缩最大熵原理复合形法。

4.6 禁忌模拟退火复合形法

4.6.1 禁忌算法

1. 概述

禁忌搜索算法是 Glover[143] 于 1986 年首先提出，它通过记忆能力和期望准则达到搜索解空间的目的。算法的基本思想是：假设给出一个解和一个邻域，首先在这一邻域中找出一个最好的局部解作为 ans，令当前最优解 $ans^*=ans$，然后再在这个当前解的邻域中搜索最好的局部解 ans'。但是这个最好解有可能与前一次的相同，为避免这种循环现象，设置一个记忆近期操作的禁忌表。如果当前操作是记录在禁忌表中的操作，那么这一操作将被禁止，否则用 ans' 代替 ans，此时 ans' 点的目标函数值可能劣于 ans 点的目标函数值，所以禁忌搜索算法可以接受劣解。但是对于那些有益的操作，如改善了目前找到的最优解，可以运用期望准则进行解禁，以便迅速找到更好的解。

2. 解空间离散

对于连续变量的优化问题，采用的是邻域禁忌，而非离散变量禁忌算法采用的解禁忌。所谓邻域禁忌，即当一个点被记忆而存放到禁忌表中，那么该点所处的邻域中所有点将被禁忌。给出两种解空间离散（确定邻域个数 $Nadj$）的方法。第一种为：给定变量界限 $\mathbf{X}_U = (u_1, u_2, \cdots\cdots, u_n)$，$\mathbf{X}_L = (l_1, l_2, \cdots\cdots, l_n)$ 可确定一个 n 维超立方体，在变量空间中，将第 i 维方向上分成 N_i 份，共构成 $Nadj = \prod_{i=1}^{n} N_i$ 个长方形。每个长方形就代表一个邻域。除此之外，邻域还可定义为以一点为中心的一个球体，在这个球体中非中心点的任一点称为中心点的邻居[144]。以 $\|\mathbf{X}_U - \mathbf{X}_L\|$ 为最大半径（$R_{\max}$）可以确定一个球体，然后以 $R_i = i * R_{\max}/Nadj$，$(i = 1, 2, \cdots\cdots Nadj)$ 为半径可以确定 $Nadj$ 个同心的球体，若设 $R_0 = 0$，则第 i 个邻域定义为半径为 R_i 的球体减掉半径为 R_{i-1} 的球体所得到的球壳，将解空间离散后再给定禁忌表的长度 $Numtabu$ 就可进行禁忌搜索算法的计算。

若探索到的新解 ans' 所在邻域未被禁忌，则以 ans' 代替 ans 并且将 ans' 所在的邻域禁忌；若探索到的新解 ans' 所在的邻域被禁忌，但 ans' 比目前最优解 ans^* 优异，则用期望准则将该邻域解禁，以 ans' 代替 ans，否则保持当前解 ans 重新进行探索，直至满足终止条件。禁忌算法的主要优点是避免了搜索中的迂回、重复，迫使算法探索新的区域，但禁忌算法对初始解的依赖性较强。在退火操作过程中产生新解时，采用禁忌搜索技术可避免重复、迂回搜索。

4.6.2 禁忌退火映射收缩算子

禁忌退火映射收缩算子的思路就是，将基本复合形法中的寻优直线作为模拟退火算法中的扰动方式来产生新解，具体说来，即在关于当前复形中最坏点 b 的寻优直线上产生一系列可行解，将它们作为对 b 点扰动后的解，同时将禁忌搜索技术引入到退火操作中以避免迂回、重复的搜索，使复形的最坏点 b 具有较强的爬山能力。以边坡最小安全系数搜索为例，其计算流程如图 4-4 所示。若能产生新点替换掉 b，则称禁忌退火映射收缩算子寻优成功。

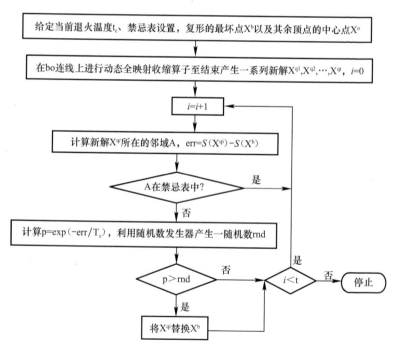

图 4-4 禁忌退火映射收缩算子流程

4.6.3　禁忌退火复合形法步骤

以式（3.1）所述的优化模型为例，介绍禁忌模拟退火复合形法的步骤如下：

（1）确定设计变量个数 $n=3$ 以及设计变量的上下限 $\mathbf{X}_U=(u_1, u_2, \cdots\cdots, u_n)$，$\mathbf{X}_L=(l_1, l_2, \cdots\cdots, l_n)$，随机产生 $k=6$ 个顶点构成初始复形，给定 t_0，N_x，N_y，N_z，$Numtabu$。N_x 表示在变量 x_a 设计空间上均分的距离，N_y，N_z 同理。并将 6 个初始顶点所处的邻域禁忌，order$=1$，$t_c=t_0$。

（2）计算与复形中其他各顶点相似程度第 order 大的顶点 $\mathbf{X}^b$。

（3）计算除 $\mathbf{X}^b$ 外其余各顶点的几何中心点 $\mathbf{X}^a$，并利用这两点进行禁忌退火映射收缩算子的寻优，若寻优成功，则赋 order$=1$，$t_c=t_c\times0.95$ 转（2）继续计算；若寻优失败，则 order$=$ order$+1$，判断 order 是否大于 6，若否，则转（2），若是，则开始改进复合形法的计算。

4.6.4　算法参数敏感性分析

禁忌退火复合形法的参数共有 t_0，N_x，N_y，N_z，$Numtabu$ 共 5 个。对 TSACM 待定参数 t_0，$Numtabu$，N_x，N_y，N_z 分别设置 50.0，100.0，200.0；10，20，30；2.0，3.0，4.0；2.0，3.0，4.0；2.0，3.0，4.0 三个水平，构成的正交试验表见表 4-1。以土坡 1、土坡 2 的搜索域 1 为例分析 TSACM5 参数的敏感性。正交试验极差分析的结果见表 4-2，正交试验方差分析结果见表 4-3。

正交试验表以及试验结果 　　　　　　表 4-1

试验号	t_0	$Numtabu$	N_x	N_y	N_z	平均最优安全系数	
						土坡 1	土坡 2
1	1	1	1	1	1	1.453	1.407
2	1	2	2	2	2	1.398	1.378

试验号	t_0	Numtabu	N_x	N_y	N_z	平均最优安全系数	
						土坡1	土坡2
3	1	3	3	3	3	1.421	1.394
4	2	1	1	2	2	1.463	1.407
5	2	2	2	3	3	1.392	1.369
6	2	3	3	1	1	1.440	1.365
7	3	1	2	1	3	1.435	1.373
8	3	2	3	2	1	1.469	1.395
9	3	3	1	3	2	1.405	1.381
10	1	1	3	3	2	1.371	1.376
11	1	2	1	1	3	1.421	1.374
12	1	3	2	2	1	1.463	1.369
13	2	1	2	3	1	1.417	1.408
14	2	2	3	1	2	1.414	1.404
15	2	3	1	2	3	1.340	1.366
16	3	1	3	2	3	1.430	1.388
17	3	2	1	3	1	1.368	1.380
18	3	3	2	1	2	1.422	1.408

极差分析结果　　　　　　　　　　　　　　表 4-2

水平 因素	t_0		Numtabu		N_x		N_y		N_z	
	土坡1	土坡2	土坡1	土坡2	土坡1	土坡2	土坡1	土坡2	土坡1	土坡2
Ⅰ	1.421	1.383	1.428	1.393	1.408	1.386	1.431	1.389	1.435	1.387
Ⅱ	1.411	1.387	1.410	1.383	1.421	1.384	1.427	1.384	1.412	1.392
Ⅲ	1.422	1.388	1.415	1.381	1.424	1.387	1.396	1.385	1.406	1.377
极差	0.011	0.005	0.018	0.013	0.016	0.003	0.035	0.005	0.028	0.015
次序	5	4	3	2	4	5	1	3	2	1

方差分析结果 表 4-3

因素	离差平方和		自由度 f	平均离差平方和		F 值		临界值 F		敏感性次序	
	土坡1	土坡2		土坡1	土坡2	土坡1	土坡2	$F_{0.05}$	$F_{0.01}$	土坡1	土坡2
t_0	0.000425	0.000077	2	0.000212	0.000038	0.131	0.095			5	4
Num tabu	0.001022	0.000053	2	0.000511	0.000265	0.315	0.661			3	2
N_x	0.000850	0.000031	2	0.000425	0.000016	0.262	0.039	4.74	9.55	4	5
N_y	0.004487	0.000082	2	0.002243	0.000041	1.381	0.101			1	3
N_z	0.002732	0.000705	2	0.001366	0.000352	0.841	0.867			2	1
公差	0.011365	0.002847	7	0.001623	0.000406						

由表 4-2 极差分析结果可见，土坡1搜索域1下，敏感性次序依次为 N_y，N_z，Numtabu，N_x，t_0，土坡2搜索域1下，敏感性次序依次为：N_z，Numtabu，N_y，t_0，N_x，说明对于特定的土坡必须具体分析算参数的敏感性。另外从表 4-3 的方差分析结果可以看出，五个参数的 F 值均小于 $F_{0.05}$，对计算结果的影响不显著，可以方便的确定计算参数。

4.7 鱼群算法

在自然界中，随着漫长的适应和进化，一些低级生物的觅食和生活方式形成了它们与高级生物所不同的特有方式，其中最明显的区别是它们不具备人类所具有的高级智能，由于它们通常以群居的方式生活和觅食，所以人工生命的研究者们称这一种现象为集群智能，即集群是由一个智能体所构成的集合，它们各成员通过直接或间接的方式进行交流，共同解决一个分布式复杂问题。如蚁群算法、粒子群优化算法等。人工鱼群算法是李晓磊[145~148]提出的，它是一种基于模拟鱼群行为的优化算法，算法主要是利用了单条鱼的觅食、追尾、聚群行为来搜寻全局最优值，下面简要介绍李晓磊鱼群算法。

4.7.1 李晓磊鱼群算法

李晓磊鱼群算法中关键是对单个鱼个体形为的描述。

1. 个体形为描述

鱼群算法设计的关键是单条鱼的个体行为的实现，通过单条鱼自适应的行为活动，全局最优解将逐渐显现出来。设单条鱼 i 的状态可表示为向量 $\mathbf{X}^i = (x_{i1}, x_{i2}, \cdots x_{im})$，其中 $x_i (i=1, 2, \cdots\cdots n)$ 为欲寻优变量的总体，单条鱼 i 的目标函数值为 $S(\mathbf{X}^i)$，定义单条鱼的感知距离 VISUAL，移动步长 STEP，拥挤度因子 μ，那么单条鱼的三种行为可分别表述如下：

觅食行为

设单条鱼 i 的当前状态为 $\mathbf{X}^i$，在其视野范围内（即 $\mathbf{X}^i$ 与单条鱼 i 距离小于 VISUAL）随机选择下一个状态 $\mathbf{X}^{i'}$，其目标函数值为 $S(\mathbf{X}^{i'})$，若 $S(\mathbf{X}^{i'}) < S(\mathbf{X}^i)$，则向该方向前进一步，反之随机移动一步。

聚群行为

设单条鱼 i 的当前状态为 $\mathbf{X}^i$，探索当前邻域内（即与单条鱼 i 距离小于 VISUAL）的伙伴数目 n_f 及中心位置 $\mathbf{X}^c$，其对应的目标函数值为 $S(\mathbf{X}^c)$，如果 $S(\mathbf{X}^c) n_f \leqslant \mu S(\mathbf{X}^i)(\mu>1)$，表明伙伴中心不太拥挤，则朝伙伴中心的位置方向前进一步，否则执行觅食行为。

追尾行为

设单条鱼 i 的当前状态为 $\mathbf{X}^i$，探索当前邻域内（即与单条鱼 i 距离小于 VISUAL）的伙伴数目 n_f，以及目标函数值最小的单条鱼 $\mathbf{X}^f$，如果 $S(\mathbf{X}^f) n_f \leqslant \mu S(\mathbf{X}^i)$，表明伙伴 $\mathbf{X}^f$ 的状态较优并且其周围不太拥挤，则朝伙伴 $\mathbf{X}^f$ 的方向前进一步，否则执行觅食行为。

公告板

算法中设一公告板，用来记录最优单条鱼的状态。各单条鱼在寻优过程中，每次行动完毕就检验自身状态与公告板的状态，如果自身状态优于公告板状态，就将公告板的状态改写为自身状态，这样就使公告板记录下历史最优的状态。

约束条件

在优化问题中通常存在约束条件，譬如本文圆弧临界滑动面的确定，当三个设计变量 x_o，y_o，R（如图 3-1 所示）的值确定以后，就可以确定一条圆弧，但是它不一定实际可行。在上述三种行为实现的过程中，都会遇到约束的处理。当单条鱼朝选定的目标前进一步时，若得到的新状态不可行，则再重新走一步，直至可行。

2. 李晓磊鱼群算法步骤

李晓磊鱼群算法简单易行，图 4-5 给出其流程图。

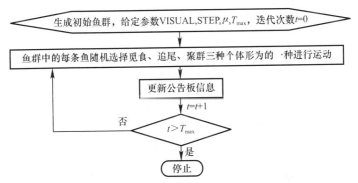

图 4-5　李晓磊鱼群算法流程图

3. 李晓磊鱼群算法参数敏感性分析

对于李晓磊鱼群算法的 4 个计算参数 VISUAL、STEP、μ、T_{max} 分别设置 0.3，0.6，0.9；0.1，0.3，0.5；1.0，3.0，6.0；500，1000，2000 三个水平构成的正交试验表如表 4-4 所示，以土坡 1、土坡 2 中的第一种搜索域为例，将 50 组初始复形对应于 50 组初始鱼群，试验结果见表 4-4。

正交试验表及试验结果　　　　　　　　　表 4-4

试验号 \ 参数	VISUAL*	STEP*	μ	T_{max}	最优安全系数 土坡 1	最优安全系数 土坡 2
1	1(0.3)	1(0.1)	1(1.0)	1(500)	2.705	2.253
2	1(0.3)	2(0.3)	2(3.0)	2(1000)	2.674	2.250
3	1(0.3)	3(0.5)	3(6.0)	3(2000)	1.514	1.468
4	2(0.6)	1(0.1)	1(1.0)	2(1000)	2.661	2.186

参数\试验号	VISUAL*	STEP*	μ	T_{max}	最优安全系数 土坡1	最优安全系数 土坡2
5	2(0.6)	2(0.3)	2(3.0)	3(2000)	2.662	2.273
6	2(0.6)	3(0.5)	3(6.0)	1(500)	1.642	1.559
7	3(0.9)	1(0.1)	2(3.0)	1(500)	2.635	2.275
8	3(0.9)	2(0.3)	3(6.0)	2(1000)	1.819	1.600
9	3(0.9)	3(0.5)	1(1.0)	3(2000)	2.764	2.279
10	1(0.3)	1(0.1)	3(6.0)	3(2000)	2.424	1.986
11	1(0.3)	2(0.3)	1(1.0)	1(500)	2.737	2.307
12	1(0.3)	3(0.5)	2(3.0)	2(1000)	2.573	2.283
13	2(0.6)	1(0.1)	2(3.0)	3(2000)	2.672	2.232
14	2(0.6)	2(0.3)	3(6.0)	1(500)	1.848	1.643
15	2(0.6)	3(0.5)	1(1.0)	2(1000)	2.764	2.317
16	3(0.9)	1(0.1)	3(6.0)	2(1000)	2.474	2.034
17	3(0.9)	2(0.3)	1(1.0)	3(2000)	2.764	2.293
18	3(0.9)	3(0.5)	2(3.0)	1(500)	2.733	2.288

注：* 表示取值为变量最大距离的百分数。

极差分析结果　　　　表 4-5

因素\水平	VISUAL 土坡1	VISUAL 土坡2	STEP 土坡1	STEP 土坡2	μ 土坡1	μ 土坡2	T_{max} 土坡1	T_{max} 土坡2
Ⅰ	2.438	2.091	2.595	2.161	2.733	2.273	2.383	2.054
Ⅱ	2.375	2.035	2.417	2.061	2.658	2.267	2.494	2.112
Ⅲ	2.531	2.128	2.332	2.032	1.953	1.715	2.467	2.089
极差	0.157	0.093	0.263	0.129	0.779	0.558	0.111	0.058
次序	3	3	2	2	1	1	4	4

方差分析结果　　　　表 4-6

因素	离差平方和 土坡1	离差平方和 土坡2	自由度 f	平均离差平方和 土坡1	平均离差平方和 土坡2	F值 土坡1	F值 土坡2	临界值 F $F_{0.05}$	临界值 F $F_{0.01}$	敏感性次序 土坡1	敏感性次序 土坡2
VISUAL	0.0745	0.0264	2	0.0372	0.0132	0.66	0.59			3	3
STEP	0.2168	0.0547	2	0.1084	0.0273	1.94	1.22			2	2
μ	2.2178	1.2307	2	1.1089	0.6153	19.84	27.48	4.26	8.02	1	1
T_{max}	0.0399	0.0100	2	0.0199	0.0050	0.35	0.22			4	4
公差	0.5030	0.2014	9	0.0558	0.0223						

从上述正交试验分析的极方差分析结果可以得出，参数 μ 对计算结果的影响高度显著，取较大值时结果较好。

4.7.2 禁忌鱼群算法

因为李晓磊鱼群算法中计算参数较多，而且参数 μ 对计算结果影响非常显著，参数也不易确定，所以可利用基本复合形法中的寻优直线来搜索新解，提出的两点直线禁忌寻优算子如下。

1. 两点直线禁忌寻优算子

所谓两点直线禁忌寻优算子，即将这两点视为动态全域映射收缩算子中的 X^b，X^r，利用式（4.1）计算 $\alpha_{\min}$，$\alpha_{\max}$。首先赋 $\alpha_{ini} = \alpha_{\max}$，利用基本复合形法搜索新点 r 的公式可以得到一个新点，若此新点可行，则确定该点位于第 W 邻域并判断 W 邻域是否在禁忌表中，若不在，则该算子寻优成功，并将该新点所在的邻域 W 插入禁忌表中，若禁忌表已满则按先进先出原则进行更新，若在，则判断期望准则是否满足，若满足则寻优成功，否则 $\alpha = 0.5\alpha$，重新搜索新解，再次得到一个新点，重复上述判断；若此新点不可行，则 $\alpha = 0.5\alpha$，重新搜索新解，再次得到一个新点，重复上述判断，直至寻优成功。若当 α 为一个很小的数时依然没有成功，则 $\alpha_{ini} = \alpha_{\min}$，重复上述步骤，直至寻优成功，若当 α 为一个很小的数时依然没有成功，则该算子寻优失败。

2. 单条鱼个体形为

（1）追寻历史最优鱼

在李晓磊提出的鱼群算法中，虽然设置了公告板来记录历史最优鱼的信息，但是在寻优过程中却没有利用历史最优鱼的信息来寻找全局最优值，本文模拟了单条鱼追寻历史最优鱼的个体行为，设当前单条鱼的位置 X^i，历史最优鱼的位置为 G，将当前单条鱼以及历史最优鱼看成两点直线禁忌寻优算子中两点，进行寻优计算，若寻优成功，则利用得到的新点替换掉当前单

条鱼 i（图 4-7 中 L_5 为第 5 条鱼在追寻历史最优鱼的直线禁忌寻优示意），否则进行觅食行为。

（2）追尾

当前鱼群中最优鱼的位置为 **LOC**，当前单条鱼的位置 X^i，将当前单条鱼以及当前鱼群中最优鱼看成两点直线禁忌寻优算子中两点，进行寻优计算，若寻优成功，则利用得到的新点替换掉当前单条鱼 i（图 4-6 中 L_6 为第 6 条鱼在追寻当前最优鱼 3 的直线禁忌寻优示意），否则进行觅食行为。

（3）聚群

当前鱼群中单条鱼的位置 X^i，除此条鱼外其余鱼的中心位置为 **C**，将当前单条鱼以及当前鱼群中心位置看成两点直线禁忌寻优算子中两点，进行寻优计算，若寻优成功，则利用得到的新点替换掉当前单条鱼 i（图 4-7 中 L_4 为第 4 条鱼在向其他鱼的几何中心点移动的直线禁忌寻优示意），否则进行觅食行为。

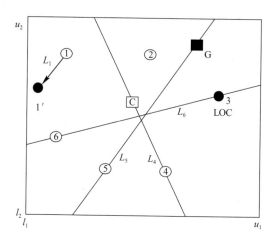

图 4-6 二维鱼群个体行为示意

（4）觅食

本文算法利用遗传算法中非均匀变异算子来构造单条鱼的觅食行为，该算子只有一个控制参数 d，而且能够保证在迭代的初期，鱼群在较广阔的范围内进行觅食，在迭代的后期鱼群集中在最优解附近，有利于达到较高的搜索精度。（图 4-7 中 L_1 为觅食的示意直线）

3. 禁忌鱼群算法步骤

以土坡最小安全系数的搜索为例介绍本文禁忌鱼群算法的迭代步骤如下。

（1）初始化。给定 $n=3$，给定 $Nadj$，$Ntabu$，T_{max}，将解空间离散成 $Nadj$ 个邻域，鱼群中鱼的总数为 $k=6$，产生 6 条满足约束条件的鱼，并将这 6 条鱼所在的邻域插入禁忌表中，迭代次数 $t=0$。

（2）由式（2）计算 6 条鱼的目标函数值，计算当前鱼群的最优鱼 **LOC**，历史最优鱼 G，并用公告板记录历史最优鱼的信息。

（3）10 for i＝1 to N

产生 ［1，4］ 之间的随机整数 NUM

CASE NUM：

NUM＝1

第 i 条鱼执行追寻历史最优鱼行为并计算当前鱼群的最优鱼 **LOC**，历史最优鱼 **G** 并更新公告板信息；

NUM＝2

第 i 条鱼执行追尾行为并计算当前鱼群的最优鱼 **LOC**，历史最优鱼 **G** 并更新公告板信息；

NUM＝3

第 i 条鱼执行群聚行为并计算当前鱼群的最优鱼 **LOC**，历史最优鱼 **G** 并更新公告板信息；

NUM＝4

第 i 条鱼执行觅食行为并计算当前鱼群的最优鱼 **LOC**，历史最优鱼 **G** 并更新公告板信息；

Next i

$t＝t+1$

if　t＜T$_{max}$ then

Go to 10

Else

print 历史最优鱼 **G**，计算结束。

End if。

4. 禁忌鱼群算法分析

对禁忌鱼群算法的三个参数 $Numtabu$、$Nadj$、T_{max} 分别设置 10，20，30；5000，10000，15000；200，300，500 三个水平构成的正交试验表见表 4-7，以土坡 1、土坡 2 的第一种搜索域进行的试验结果如表 4-7 所示。

正交试验表及试验结果　　　　　　　表 4-7

试验号	因素 $Numtabu$	$Nadj$	T_{max}	最优安全系数	
				土坡 1	土坡 2
1	1（10）	1（5000）	1（200）	1.377	1.369
2	1（10）	2（10000）	2（300）	1.377	1.374
3	1（10）	3（15000）	3（500）	1.329	1.363
4	2（20）	1（5000）	2（300）	1.335	1.372
5	2（20）	2（10000）	3（500）	1.327	1.356
6	2（20）	3（15000）	1（200）	1.381	1.398
7	3（30）	1（5000）	3（500）	1.332	1.362
8	3（30）	2（10000）	1（200）	1.354	1.383
9	3（30）	3（15000）	2（300）	1.348	1.379

极差分析结果　　　　　　　表 4-8

水平	因素 $Numtabu$		$Nadj$		T_{max}	
	土坡 1	土坡 2	土坡 1	土坡 2	土坡 1	土坡 2
Ⅰ	1.361	1.369	1.348	1.368	1.371	1.383
Ⅱ	1.348	1.375	1.353	1.371	1.353	1.375
Ⅲ	1.345	1.375	1.353	1.380	1.329	1.360
极差	0.016	0.007	0.005	0.012	0.041	0.023
次序	2	3	3	2	1	1

因素	离差平方和		自由度f	平均离差平方和		F值		临界值F		敏感性次序	
	土坡1	土坡2		土坡1	土坡2	土坡1	土坡2	$F_{0.05}$	$F_{0.01}$	土坡1	土坡2
$Num\ tabu$	0.00045	0.00007	2	0.00027	0.000035	0.53	0.53			2	3
$Nadj$	0.00004	0.00024	2	0.00002	0.00012	0.05	1.63	19.0	99.0	3	2
T_{max}	0.00258	0.00081	2	0.00129	0.00041	3.00	5.41			1	1
公差	0.00086	0.00015	2	0.00043	0.000075						

由表 4-8、表 4-9 的极方差结果可知，参数 T_{max} 对计算结果影响最大，$Nadj$、$Numtabu$ 次之，但参数 F 值均小于 $F_{0.05}$，对计算结果影响不显著。

4.8　算法比较分析

α_{ini} 分别取 1.3、5.0、13.0，利用多样复合形法、距离空间内双侧映射收缩和单侧映射收缩复合形法、目标函数空间内双侧映射收缩和单侧映射收缩复合形法、基于最大伪梯度搜索的多样复合形法、单侧映射收缩最大熵原理复合形法、双侧映射收缩最大熵原理复合形法对土坡 1、2 进行了计算，50 组初始复形搜索到的平均最优值比较见表 4-10，算法的寻优成功率比较分别见表 4-11、表 4-12。土坡 1 下，α_{ini} 取 13.0 时，几种算法对搜索域的依赖程度比较见图 4-7。

以土坡 1 域 3 为例，$\alpha_{ini}=13.0$ 时，共享度表征下的多样复合形法的平均最优值为 1.314，复形相似距下为 1.372，复形中心距下为 1.361。三种表征多样性指标中，以共享度指标最优异，这是因为其综合考虑了各个复形顶点的信息。距离空间内单侧映射收缩复合形法结果为 1.436，目标函数空间内单侧映射收缩复合形法结果为 1.469，单侧映射收缩最大熵原理复合形法结果为 1.451，而由表 3-1 可知，已有复合形法结果为 1.796，改进复合形法为 1.516，所以每次映射收缩时选择冗余度最大顶点而非目标函数值最大顶点收到了较好效果，利用信息熵最大的复形顶点进行映射收缩的单侧最大熵原理复合形法也收到了较好效果。

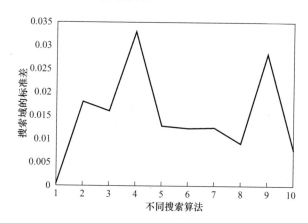

图 4-7　土坡 1 不同搜索算法对搜索域的依赖程度比较

图 4-7 中横坐标 1～10 依次代表共享度、复形相似距、复形中心距表征的多样复合形法，距离空间内单侧、双侧映射收缩复合形法，目标函数空间内单侧、双侧映射收缩复合形法，最大伪梯度多样复合形法，单侧、双侧最大熵原理复合形法。其中，共享度表征下的多样复合形法对搜索域的依赖程度最低，距离空间内单侧映射收缩复合形法和单侧最大熵原理复合形法对搜索域依赖性较大，其余算法相差不大，10 种搜索算法对搜索域的依赖程度均比已有复合形法（0.121）、改进复合形法（0.035）低。

50 组初始复形搜索的平均最优值比较　　　　表 4-10

不同复合形法		土坡	土坡 1			土坡 2		
			域 1	域 2	域 3	域 1	域 2	域 3
多样复合形法	共享度	1.3	1.374	1.362	1.359	1.408	1.423	1.440
		5.0	1.311	1.314	1.315	1.359	1.382	1.355
		13.0	1.315	1.315	1.314	1.367	1.375	1.372

不同复合形法		土坡	土坡 1			土坡 2		
			域 1	域 2	域 3	域 1	域 2	域 3
多样复合形法	复形相似距	1.3	1.494	1.434	1.474	1.450	1.444	1.523
		5.0	1.379	1.347	1.343	1.367	1.386	1.418
		13.0	1.348	1.328	1.372	1.371	1.361	1.388
	复形中心距	1.3	1.499	1.375	1.444	1.463	1.478	1.500
		5.0	1.331	1.329	1.338	1.405	1.410	1.399
		13.0	1.345	1.322	1.361	1.362	1.356	1.374
距离空间	单侧	1.3	1.849	1.706	1.806	1.660	1.775	1.946
		5.0	1.416	1.446	1.414	1.448	1.422	1.533
		13.0	1.461	1.382	1.436	1.415	1.435	1.498
	双侧	1.3	1.515	1.426	1.552	1.500	1.525	1.631
		5.0	1.366	1.334	1.397	1.374	1.402	1.404
		13.0	1.340	1.309	1.329	1.375	1.382	1.376
目标函数空间	单侧	1.3	1.845	1.763	1.750	1.666	1.701	1.973
		5.0	1.522	1.535	1.526	1.544	1.517	1.569
		13.0	1.451	1.481	1.469	1.461	1.507	1.488
	双侧	1.3	1.491	1.439	1.508	1.521	1.494	1.523
		5.0	1.383	1.407	1.367	1.384	1.417	1.392
		13.0	1.357	1.377	1.387	1.388	1.394	1.389
最大伪梯度多样复合形法		1.3	1.530	1.464	1.541	1.472	1.596	1.719
		5.0	1.425	1.333	1.381	1.399	1.450	1.451
		13.0	1.345	1.353	1.331	1.393	1.386	1.444
最大熵原理复合形法	单侧	1.3	1.641	1.674	1.624	1.550	1.603	1.780
		5.0	1.468	1.480	1.482	1.461	1.501	1.570
		13.0	1.439	1.386	1.451	1.485	1.479	1.548
	双侧	1.3	1.528	1.473	1.541	1.488	1.515	1.642
		5.0	1.438	1.375	1.389	1.394	1.427	1.478
		13.0	1.376	1.357	1.366	1.408	1.393	1.441

土坡1几种算法的寻优成功率（％）　表4-11

不同复合形法		搜索域	搜索域1			搜索域2			搜索域3		
			1.3	5.0	13.0	1.3	5.0	13.0	1.3	5.0	13.0
多样复合形法	共享度	0.01	50	72	76	38	74	68	50	78	62
		0.03	80	96	96	68	96	96	72	94	94
		0.05	84	100	96	80	98	98	84	96	100
	复形相似距	0.01	30	68	72	32	70	76	26	70	70
		0.03	48	86	90	54	88	86	46	90	86
		0.05	54	88	94	58	92	92	50	92	86
	复形中心距	0.01	34	66	76	32	64	82	32	70	60
		0.03	44	84	92	60	84	94	50	86	76
		0.05	46	90	92	76	90	96	58	92	86
距离空间	单侧	0.01	0	42	44	4	28	36	6	38	40
		0.03	4	52	60	14	48	60	8	64	62
		0.05	4	64	64	16	56	66	10	68	74
	双侧	0.01	26	62	80	28	68	80	10	56	82
		0.03	42	76	86	46	88	96	24	70	92
		0.05	48	84	88	58	88	100	38	76	96
目标函数空间	单侧	0.01	4	24	18	0	22	18	8	20	30
		0.03	8	38	48	4	34	44	8	30	48
		0.05	14	44	62	8	42	50	12	44	56
	双侧	0.01	20	44	50	20	54	66	12	60	52
		0.03	36	64	76	46	68	80	32	78	70
		0.05	48	72	82	48	70	82	44	84	78
最大伪梯度多样复合形法		0.01	14	50	68	20	58	72	14	54	66
		0.03	28	64	88	30	82	82	22	74	84
		0.05	36	66	92	42	90	86	26	76	86
最大熵原理复合形法	单侧	0.01	2	40	36	2	36	44	8	30	32
		0.03	18	54	46	14	48	66	16	48	56
		0.05	20	68	60	18	60	70	24	50	66
	双侧	0.01	26	42	46	18	60	62	14	50	68
		0.03	36	54	70	40	74	82	38	66	82
		0.05	40	62	74	48	78	88	42	72	88

土坡 2 几种算法的寻优成功率（%）　　　　　表 4-12

不同复合形法			搜索域	搜索域 1			搜索域 2			搜索域 3		
				1.3	5.0	13.0	1.3	5.0	13.0	1.3	5.0	13.0
多样复合形法	共享度		0.01	66	86	96	64	86	90	58	96	94
			0.03	84	98	96	86	90	96	76	100	96
			0.05	86	98	96	88	92	96	78	100	98
	复形相似距		0.01	50	84	90	56	88	90	36	76	82
			0.03	58	94	96	66	94	96	56	90	92
			0.05	72	96	96	78	94	98	58	90	92
	复形中心距		0.01	32	62	88	38	72	94	34	76	76
			0.03	54	80	96	58	84	98	52	86	94
			0.05	58	84	96	62	86	100	58	92	96
距离空间	单侧		0.01	4	50	58	0	46	54	0	40	54
			0.03	6	66	74	2	66	70	2	58	66
			0.05	18	72	84	2	78	72	4	62	68
	双侧		0.01	26	74	76	36	60	72	18	78	82
			0.03	42	88	90	48	82	88	34	86	86
			0.05	50	90	92	54	88	92	44	88	90
目标函数	单侧		0.01	2	26	50	6	30	34	0	26	46
			0.03	12	32	66	14	46	58	0	44	66
			0.05	16	44	68	16	54	60	4	52	68
	双侧		0.01	22	64	72	18	56	74	24	74	64
			0.03	40	84	80	34	74	90	50	84	74
			0.05	48	86	86	48	82	90	58	88	86
最大伪梯度			0.01	18	70	74	22	44	80	14	54	66
			0.03	44	80	86	30	60	86	20	68	72
			0.05	54	84	88	34	70	86	20	72	76
最大熵原理	单侧		0.01	10	46	36	8	46	42	4	40	36
			0.03	26	66	52	32	60	58	10	50	52
			0.05	28	68	60	40	70	62	18	52	54
	双侧		0.01	38	68	68	32	66	66	26	62	62
			0.03	54	86	82	46	70	86	38	66	80
			0.05	62	90	84	52	74	92	42	70	80

距离空间和目标函数空间内双侧映射收缩复合形法平均值分别为 1.329、1.387，基于最大伪梯度搜索的多样复合形法为 1.331，双侧映射收缩最大熵原理复合形法为 1.366，所以双侧映射收缩比单侧映射收缩算子的搜索能力大大加强，而其中以距离空间内双侧映射收缩复合形法最优异，其次为采用两边映射收缩算子的最大伪梯度的多样复合形法。尽管共享度表征下多样复合形法比距离空间内双侧映射收缩复合形法更好，但是在每次迭代中，前者需要在关于各个顶点的寻优直线上搜索，而后者仅仅在最大冗余顶点的寻优直线上搜索，所以建议使用距离空间内双侧映射收缩复合形法计算。

从寻优成功率角度看，土坡 1 域 3 下，$\alpha_{ini} = 13.0$ 时，共享度表征的多样复合形法全局寻优成功率为 62%，复形相似距下为 70%，复形中心距下为 60%；相应的准最优值成功率为 94%、86%、76%，共享度指标下的全局寻优成功率比复形相似距下低 8%，但其准最优值成功率比较高。距离空间内单侧映射收缩复合形法的全局寻优成功率为 40%，目标函数空间内单侧映射收缩复合形法结果为 30%，单侧映射收缩最大熵原理复合形法结果为 32%，而由表 3-2 可知，已有复合形法结果为 12%，改进复合形法为 44%，虽然利用最大冗余度顶点和最大熵顶点进行搜索比利用最大目标函数值顶点搜索得到的平均最优值小，但全局寻优成功率仅比已有复合形法高，比改进复合形法低，从准最优值成功率比较看，相应 62%、48%、56%，已有复合形法为 34%，改进复合形法为 60%，只有距离空间内单侧映射收缩复合形法比改进复合形法高，所以在采用单侧映射收缩时，建议使用改进复合形法。

距离空间和目标函数空间内双侧映射收缩复合形法全局寻优成功率分别为 82%、52%，基于最大伪梯度搜索的多样复合形法为 66%，双侧映射收缩最大熵原理复合形法为 68%，距离空间内双侧映射收缩复合形法全局寻优成功率最高，其次为复形相似距表征下的多样复合形法，这也是建议使用距离空间内双侧映射收缩复合形法计算的另一个原因。

采用动态全域映射收缩算子的冗余顶点替换复合形法、最大熵原理复合形法对土坡1、2进行了计算；对禁忌退火复合形法，土坡1采用表4-1中第15组参数，对其他两个搜索域进行了计算，土坡2采用表4-1中第6组参数，对其他两个搜索域进行了计算；对李晓磊鱼群算法，土坡1、2均采用表4-4中的3组参数对其他两个搜索域进行了计算；对禁忌鱼群算法，土坡1、2，均采用表4-7中第5种参数对其他两个搜索域进行了计算，土坡1下，几种算法对搜索域的依赖程度比较见表4-13，计算得到的平均最优值如表4-14所示，相应的寻优成功率比较见表4-15。

土坡1几种算法对搜索域的依赖程度比较　　　　表4-13

不同算法	冗余顶点替换复合形法	最大熵原理复合形法	禁忌退火复合形法	李晓磊鱼群算法	禁忌鱼群算法
对搜索域的依赖程度	0.0204	0.0180	0.0179	0.0406	0.0061

几种算法的平均最优值比较　　　　表4-14

不同算法 \ 土坡	土坡1			土坡2		
	搜索域1	搜索域2	搜索域3	搜索域1	搜索域2	搜索域3
冗余顶点替换复合形法	1.368	1.353	1.402	1.362	1.395	1.454
最大熵原理复合形法	1.421	1.377	1.396	1.438	1.426	1.409
禁忌退火复合形法	1.340	1.354	1.383	1.364	1.406	1.523
李晓磊鱼群算法	1.514	1.604	1.522	1.468	1.561	1.608
禁忌鱼群算法	1.327	1.333	1.318	1.355	1.380	1.370

几种算法的寻优成功率比较　　　　表4-15

不同算法 \ 土坡		土坡1			土坡2		
		搜索域1	搜索域2	搜索域3	搜索域1	搜索域2	搜索域3
冗余顶点替换复合形法	0.01	58	68	60	84	74	74
	0.03	76	84	76	94	86	80
	0.05	86	90	78	98	90	84
最大熵原理复合形法	0.01	34	58	48	72	68	72
	0.03	66	76	70	78	78	82
	0.05	70	78	76	78	86	86

不同算法	土坡	土坡1			土坡2		
		搜索域1	搜索域2	搜索域3	搜索域1	搜索域2	搜索域3
禁忌退火复合形法	0.01	66	62	48	88	86	68
	0.03	90	80	76	90	92	78
	0.05	92	84	78	94	92	78
李晓磊鱼群算法	0.01	0	0	0	2	0	0
	0.03	0	0	0	4	0	0
	0.05	2	0	0	14	6	0
禁忌鱼群算法	0.01	44	36	66	74	50	58
	0.03	80	72	88	96	90	82
	0.05	88	92	96	100	96	94

从表 4-13 可以看出，禁忌鱼群算法对搜索域的依赖程度最低，李晓磊鱼群算法最高，用户在使用禁忌鱼群算法计算时，可大致给定搜索域即可，与已有复合形法（0.121）、改进复合形法（0.035）比较而言，另外三种算法对搜索域的依赖性也较低。

从平均最优值角度看，土坡 1 搜索域 3 下，五种算法中以禁忌鱼群算法最小为 1.318，李晓磊鱼群算法最高为 1.522，说明提出的两点直线禁忌寻优算子是有效的，较之李晓磊鱼群算法不仅参数少、模拟单条鱼过程简单，而且搜索能力大大加强。冗余顶点替换复合形法结果为 1.402，最大熵原理复合形法为 1.396，比距离空间和目标函数空间内双侧映射收缩复合形法的平均值和双侧映射收缩最大熵原理复合形法的平均值高，虽然动态全域映射收缩算子不需要给定 α_{ini} 的初值，便于用户使用，但其搜索能力比大值下（$\alpha_{ini}=13.0$）的双侧映射收缩算子差。

从寻优成功率角度看，李晓磊鱼群算法的全局寻优成功率、准最优值成功率均为 0%，禁忌鱼群算法分别为 66% 和 88%，禁忌退火复合形法为 48%、76%，最大熵原理复合形法为 48%、70%，冗余顶点替换复合形法为 60%、76%，全局寻优成功率均比距离空间内双侧映射收缩复合形法的 82% 低，所以建议使用距离空间内双侧映射收缩复合形法寻求土坡圆弧滑动面的最小安全系数。但是禁忌鱼群算法和禁忌退火复合形法的准最优值成功率较高。

4.9 小结

基本复合形法本质上具有群体进化的特征，而基本复合形法仅仅考虑复形顶点目标函数值的改善，而忽略了复形多样性的保持，这也是基本复合形法全局搜索能力不高的原因。复形顶点的多样性可以由某顶点的共享度、复形中心距、复形相似距三个指标来度量，算例表明，共享度表征的多样复合形法搜索能力比其他两个指标下更好。基于最大伪梯度搜索的多样复合形法、采用最大冗余点、最大熵顶点映射准则的复合形法，其搜索能力均比基本复合形法强，而且对搜索域的依赖性较之基本复合形法大大降低。取消了李晓磊鱼群算法的计算参数而代之以两点直线禁忌寻优策略后，禁忌鱼群算法不仅参数少，而且搜索能力较之李晓磊鱼群算法大大提高，综合分析建议使用距离空间内双侧映射收缩复合形法确定土坡圆弧滑动面的最小安全系数。

5 基于混合搜索算法的非圆临界滑动面寻求

在复杂土坡稳定性分析中，土坡临界滑动面的搜索实际上是一个含多极值点且目标函数通常无法用显式表达的复杂非线性规划问题。近年来，多位学者利用新的方法对此问题进行了大量研究。假定滑动面形状为圆弧，肖专文[91,92]、丰土根[100,101]利用遗传算法、李守巨[103]采用模拟退火算法确定土坡最危险圆弧滑动面；本文第三章、第四章也对圆弧滑动面的搜索进行了详细的介绍。但工程失稳实例表明土坡破坏并非圆弧，尤其是坡体形状复杂、土体性质多变的边坡，其滑动面远非圆弧。所以，陈祖煜[75]等假定滑动面的若干特征点，然后利用单纯形法、负梯度法求解临界滑动面，但其计算过程复杂；曹文贵[79]利用动态规划法求解非圆临界滑动面，Arai[127]利用数学规划原理确定非圆临界滑动面，也取得了较好的效果，其滑动面的入口、出口须位于垂直条分线上；王成华利用有限元计算得到的应力场，采取蚁群算法[110]、遗传算法[109]确定非圆临界滑动面，陈昌富[107,108]采用自适应蚁群算法搜索非圆临界滑动面；但在滑动面的出、入口处理上要么假定必须位于垂直条分线上，要么没有涉及。有鉴于此，本文将滑动面的出、入口位置作为变量，其变化的范围大致给出，借鉴并改进新近发展的和声搜索算法进行土坡临界滑动面的搜索，取得了很好的效果。

5.1 任意滑动面搜索的优化模型

5.1.1 安全系数计算的不平衡推力法

在第二章已经介绍过任意滑动面模拟的多种策略，以常规策略为例，任一非圆滑动面可以用(x_A, y_A)、(x_1, y_1)……(x_{n-1}, y_{n-1})、(x_B, y_B)等$n+1$个点的直线连接来近似模拟，给定这$n+1$个设计变量的具体值就可确定一非圆滑动面，图 5-1 还给出了土条的边界条件，图 5-2 给出了典型土条i的受力分析，其对应的安全系数可由不平衡推力法计算得到。不平衡推力法[6]是针对滑面为折线的条件下提出的，它假定条间力的作用方向与上一条块的滑面方向平行，即$\beta_i = \alpha_i$，按此假设可以得到不平衡推力法的计算公式如下：

$$\begin{cases} F_i = (W_i \sin\alpha_i + Q_i \cos\alpha_i) \\ \qquad - \dfrac{c_i l_i + (W_i \cos\alpha_i - U_i - Q_i \sin\alpha_i)\tan\phi_i}{F_s} + F_{i+1}\varphi_{i+1} \\ \varphi_{i+1} = \cos(\alpha_{i+1} - \alpha_i) - \dfrac{\sin(\alpha_{i+1} - \alpha_i)\tan\phi_i}{F_s} \end{cases} \quad (5.1)$$

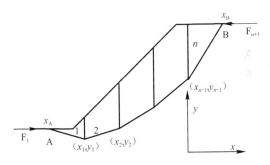

图 5-1　土坡稳定示意图

图 5-1 和图 5-2 及式 (5.1) 中，F_i为第$i-1$块土条与第i块土条之间的合作用力；F_{i+1}为第$i+1$块土条与第i块土条之间的合作用力；W_i为第i块土条重力；Q_i为作用在第i块土条上的水平外力；α_i为第i块土条底部倾角；

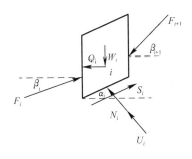

图 5-2　典型土条i受力

N_i、S_i 分别为条底有效法向力以及剪切力；U_i 为孔隙水压力；β_i 为作用力 F_i 的倾角；F_s 为抗滑稳定安全系数。由式（5.1）计算安全系数时，首先假定 F_s 的初始值 F_{ini}（一般取为 1.0），根据初始条件 F_{n+1}（一般为零），从第 n 块土条开始，逐条计算至第 1 块土条，若求得的 F_1 不等于零，则调整 F_{ini} 直至 F_1 等于零，就可求得 F_s。

5.1.2   摩根斯顿——普赖斯方法 M-P

不平衡推力法仅仅考虑了力的平衡条件，综合考虑力与力矩平衡条件的 Morgenstern & Price 方法是工程中常用的方法之一，它通过假定条间推力的形函数 $f(x)$，通过力与力矩平衡条件迭代求解安全系数 F_s 与 $f(x)$ 相关的 λ 未知量，该法通常较其他方法如简化简布法、简化毕肖普法需要更多的迭代次数，而且收敛性能也较差。形函数 $f(x)$ 一般取为 $\sin(x)$ 或者如 M-P 方法的特例斯宾塞法（Spencer）一样，直接取 $f(x)=1$，本文也尝试采用 Spencer 法计算任意滑动面的安全系数。

因此，以常规策略为例，土坡非圆临界滑动面搜索的优化模型表述如下式：

$$\begin{cases} \text{Minimize} \quad S(x_A, x_B, y_1, y_2, \cdots\cdots, y_{n-1}) \\ \text{S. t.} \quad \alpha_{i-1} \leqslant \alpha_i; \alpha_i - \alpha_{i-1} \leqslant \alpha^c \\ Y_{Li} \leqslant y_i \leqslant Y_{Ui}, i=1,2,\cdots\cdots, n-1; \\ x_l \leqslant x_A \leqslant x_u; x_L \leqslant x_B \leqslant x_U; \end{cases} \quad (5.2)$$

式（5.2）中 $S(x_A, x_B, y_1, y_2, \cdots\cdots, y_{n-1})$ 可由式（5.1）迭代求解；另根据文[149,150] 的研究，采取 $\alpha^c = 10°$ 来限制相邻条块过大的转折角，以使不平衡推力法所得安全系数在误差允许内。当采用 Spencer 法计算安全系数时，用户可选择是否限制 $\alpha^c = 10°$，而且应该尝试其他新模拟策略，它们所对应的临界滑动面搜索优化模型与式（5.2）类似，只不过优化设计变量的个数 m 以及变量的变化范围不同而已，限于篇幅不再赘述。

5.2　基本和声搜索算法

　　基本和声搜索算法[151]是最近问世的一种启发式全局搜索算法，在许多组合优化问题中得到了成功的应用[152~154]。音乐演奏中，乐师们凭借自己的记忆，通过反复调整乐队中各乐器的音调，最终达到一个美妙的和声状态。Geem Z. W. 等人受这一现象启发，将乐器 $i(i=1,2,\cdots,m)$ 类比于优化问题中的第 i 个设计变量（如模拟任意滑动面的 X 中第 i 个分量），各乐器声调的和声 $R_j(j=1,2,\cdots,M)$ 相当于优化问题的第 j 个解向量（如 X$=(z_1,z_2,\cdots,z_m)$）。评价类比于目标函数（如极限平衡安全系数）。算法首先产生 M 个初始解（和声）放入和声记忆库（Harmony Memory）内，以概率 HR 在 HM 内搜索新解，以概率 1-HR 在 HM 外变量可能值域中搜索。然后算法以概率 PR 对新解产生局部扰动。以产生新解第 i 个分量为例，图 5-3 给出了和声策略的详细流程，其中 z_{mini}，z_{maxi} 分别为第 i 个分量取值的下、上限。为方便叙述以后章节混合算法，本文将图 5-3 的流程命名和声策略（i）。判断新解目标函数值是否优于 HM 内的最差解，若是，则替换之；然后不断迭代，直至达到最大迭代次数 T_{max} 为止。其计算流程如图 5-4 所示。

　　算法终止准则可有多种不同的表达方式。一般情况下，算法迭代到最大次数 T_{max} 终止（记为终止准则1），此外还可利用参数 D_1，D_2 来控制算法何时终止，具体说来即，先让算法迭代 D_1 次，记住目前最好解，然后再看算法能否在接下来的 D_2 次迭代中发现更好解（所谓更好解即两解相差大于允许误差 $\varepsilon=0.0001$），若是，则继续迭代；否则输出最好解，迭代停止（终止准则2），另外为公平比较各种搜索算法的效率，还可采用规定目标函数计算次数 NOFE（Number of Objective Function Evaluations）的方法来终止算法（终止准则3），本文中也采用 NOFE 的大小来大致衡量算法耗时的多少。

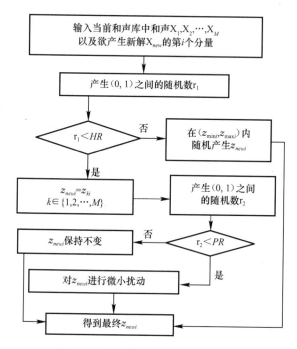

图 5-3　和声策略产生某分量的流程

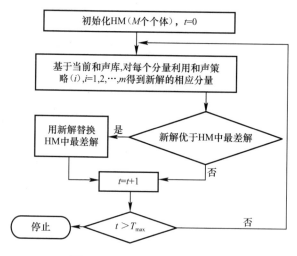

图 5-4　基本和声搜索算法流程

5.3 引入和声策略的遗传算法

由基本和声搜索算法的流程图 5-4 可以看出，基本和声搜索算法属于单个体进化算法，虽然利用了和声库来产生新解，然而每次进化仅仅发现一个新解，因其产生新解的方式比较新颖，可以借鉴并融入其他群体进化算法（譬如遗传算法）以增加搜索过程中发现新解的概率，构成的新算法有更高的全局搜索能力。这在下面的算例中得到了证实。

5.3.1 简单遗传算法

自然界的生物体在遗传、选择和变异的作用下，不断地由低级向高级进化和发展，人们注意到这种适者生存的进化规律可构成一种优化算法。最早意识到自然遗传规律可以转化为人工遗传算法的是 Holland 教授[90]。遗传算法是建立在达尔文进化论和孟德尔遗传学说基础上的一种自适应全局优化算法。从数学角度看，遗传算法是一种随机搜索算法。从工程角度看，它是一种自适应的迭代寻优过程。它从某一随机产生的初始群体开始，按照一定的操作规则，如选择、复制、交叉、变异等，不断地迭代计算，并根据每一个个体的适应度值，保留优良个体，淘汰劣质个体，引导搜索过程向最优解逼近。与传统的优化方法相比，遗传算法具有以下特点：

（1）算法不是直接作用在参变量集上，而是利用参变量集的某种编码。

（2）遗传算法不是从单个点，而是从一个群体开始搜索。

（3）遗传算法直接对结构对象进行操作，不存在求导和函数连续性的限定。

（4）遗传算法具有内在的隐并行性和较好的全局寻优能力。

（5）遗传算法采用概率转移规则，不需要确定性的规则。

Holland 教授的遗传算法被称为简单遗传算法。该算法主要利用选择、杂交、变异三种算子来实现，采用十进制编码，以土坡非圆临界滑动面搜索为例，其步骤如下：

（1）确定待优化问题的设计向量如式（5.2）中 $\mathbf{X} = (x_A, x_B, \cdots, y_{n-1}) = (z_1, z_2, \cdots, z_m)$ 以及由设计向量（染色体）$\mathbf{X}$ 决定的目标函数值 S，对于求解目标函数值最小的优化问题，染色体 $\mathbf{X}_i = (z_{i1}, z_{i2}, \cdots, z_{im})$（$z_{ij}$ 表示第 i 个染色体的第 j 个基因，$j = 1, 2, \cdots, m$）对应的 S 越小，该染色体的适应性越好，随机生成 M 个满足约束条件的初始染色体 $\mathbf{X}_1$，$\mathbf{X}_2$，……，$\mathbf{X}_M$ 放入匹配池，并给定交叉概率 p_c 以及变异概率 p_m，进化代数 $t = 0$，给定最大进化代数 $T_{\max}$。

（2）对匹配池的 M 个染色体随机两两配对，组成 $M/2$ 对父母染色体，对每对父母染色体，根据 p_c 决定是否进行交叉操作，若是，则由该对父母染色体利用算数交叉算子[134]产生两个子体 Of_1，Of_2，并将 Of_1，Of_2 放入子代池。

（3）对子代池中的每一个子代根据 p_m 判断是否进行变异操作，若是，则通过非均匀变异算子[134]产生一个新的子代替换原来子代。

（4）计算匹配池中 M 个染色体以及子代池中 V 个染色体对应的目标函数值，若染色体不可行，则采取惩罚策略或修复策略处理。

（5）对 $M + V$ 个染色体的目标函数值 S_i 按升序排列为 S_{m_1}，S_{m_2}，……，$S_{m_{M+V}}$，给定参数 $\theta \in [0, 1]$，则第 m_i 个染色体被选择的概率 $\rho_{m_i} = \theta(1-\theta)^{i-1}$，$i = 1, \cdots\cdots, M+V$，计算累计概率 $ac(i) = \sum_{j=1}^{i} pr(j)$，$i = 1, \cdots\cdots, M+V$。产生 $[0, ac(M+V)]$ 之间的随机数 r'，若 $ac(i-1) < r' \leqslant ac(i)$，则选择排第 i 位的个体进入下一代，如此进行，直到选择 M 个个体为止，目标函数值越小的染色体在匹配池中的个数就越多，此策略即为基于排序的选择方法。

（6）$t = t + 1$，若 $t < T_{\max}$ 则转（2），否则输出最优染色体，

迭代停止。

由上可见，若选择压力过大（θ 较大），基本遗传算法的匹配池中很快会被几个优秀的染色体占据，通过交叉很难产生新的子代个体，加之变异率一般都较小，通过变异也很难产生新子代个体，借鉴和声搜索算法的新解产生方式可以增加新解，由此思路便产生了下面的和声遗传算法。

5.3.2 引入和声策略的遗传算法

1. 实现途径一

将匹配池看作和声算法中的和声库 HM，给定概率 HR、PR 就可产生新解，以土坡临界滑动面搜索为例，和声遗传算法的迭代步骤如下：

（1）给定概率 HR、PR，随机生成 M 个满足约束条件的初始滑动面 $\mathbf{X}_1$，$\mathbf{X}_2$，……，$\mathbf{X}_M$ 放入匹配池，并给定交叉概率 p_c 以及变异概率 p_m，进化代数 $t=0$，给定最大进化代数 T_{max}，和声概率 P_{hm}；

（2）对匹配池的 k 个染色体随机两两配对，组成 $M/2$ 对父母染色体，对每对父母染色体，根据 p_c 决定是否进行交叉操作，若是，则由该对父母染色体产生两个子体 Of_1，Of_2，并将 Of_1，Of_2 放入子代池；

（3）对子代池中的每一个染色体根据 p_m 判断是否进行变异操作，若是，则通过非均匀变异算子产生一个新的染色体代替原来子代；

（4）利用匹配池中的 M 个染色体，由和声算法产生 $M \times P_{hm}$ 个新解 $\mathbf{X}_{1new}$，…，$\mathbf{X}_{M \times P_{hm}new}$，并将 $M \times P_{hm}$ 个新解放入子代池；

（5）计算匹配池中 k 个染色体以及子代池中 U 个染色体对应的目标函数值，若染色体不可行，则采取修复策略处理；

（6）对 $M+U$ 个染色体的目标函数值 S_i 按升序排列为 S_{m_1}，S_{m_2}，……，$S_{m_{M+U}}$，基于排序的选择方法选择 M 个个体进入下一代；

(7) $t=t+1$，若 $t<T_{\max}$ 则转 (2)，否则输出最优染色体，迭代停止。

2. 实现途径二

由上述步骤可见，由和声策略产生的新解仅在进化过程中起到了增加多样解的作用，实际上和声策略本身已包含了一般遗传算法中交叉与变异的内涵。

设当前群体 $\mathbf{X}_1$，……，$\mathbf{X}_M$，交叉概率 ρ_c，对当前 M 个个体产生 M 个 $[0，1]$ 之间的随机数 r_1，……，r_M，若 $r_i \leqslant \rho_c$，则利用和声策略 (j)，$j=1，2，……m$ 产生一个子代个体 $\mathbf{X}_{\mathrm{new}} = [z_{\mathrm{new}1}，……，z_{\mathrm{new}m}]$，这两个变量的作用类似于遗传算法中交叉、变异概率 ρ_c，ρ_m，算法以概率 HR 在已知解中开发，以概率 $1-$HR 在设计变量的取值范围内探索，以概率 $HR \cdot PR$ 综合开发与探索。通过调节这两个参数的值，可达到对解空间开发与探索的平衡。更重要的是，交叉算子仅仅利用两个个体来产生子代个体，而该策略利用整个群体的信息产生子代个体，设共产生 K 个子代个体，$\mathbf{X}_{M+1}$，……，$\mathbf{X}_{M+K}$，新型遗传算法的迭代步骤如下（以终止准则 2 为例）：

(1) 初始化参数 ρ_c，HR，PR，f_o，$\mathbf{X}_\mathrm{o}$，D_1，D_2，$t=0$；

(2) 产生初始群体，并计算其目标函数值。$D_3=D_1$；

(3) 产生 M 个 $[0，1]$ 之间的随机数 r_1，……，r_M，若 $r_i \leqslant \rho_c$，则利用和声策略 (j)，$j=1，2，……m$ 产生一个新解，如此共得到 K 个子代个体 $\mathbf{X}_{M+1}$，……，$\mathbf{X}_{M+K}$；

(4) 计算子代个体的目标函数值，并记录最好个体 $\mathbf{X}_\mathrm{g}$，其目标函数值 f_g；

(5) 选择 $M-1$ 个个体，连同 $\mathbf{X}_\mathrm{g}$ 构成下一代群体，$t=t+1$；

(6) 判断 $t<D_3$，若是，则转 (3) 继续进行；若否，则判断 $|f_\mathrm{o}-f_\mathrm{g}| \leqslant \varepsilon$，若是，输出 $\mathbf{X}_\mathrm{o}$ 作为解，停止计算；若否，$f_\mathrm{o}=f_\mathrm{g}$，$\mathbf{X}_\mathrm{o}=\mathbf{X}_\mathrm{g}$，$D_3=D_3+D_2$，并转 (3) 继续。

上述步骤中，$\mathbf{X}_\mathrm{o}$ 为目前发现的最好解用于停止计算的判断，

其目标函数值为 f。其初始值一般随便给定很大值如 10000，t 是迭代次数计数器。

5.3.3 算例

分别利用基本遗传算法、基本和声算法、和声遗传算法（实现途径1，下文除注明外均同）对土坡3、土坡4分别进行了计算。

1. 土坡3

$x_1=0.0$，$x_u=30.0$；$x_L=40.0$，$x_U=70.0$，$n=11$，$T_{max}=1000$，$p_c=0.9$，$p_m=0.01$，$HR=0.98$，$PR=0.1$，$P_{lin}=0.3$，$\theta=0.3$。采用和声遗传算法、基本遗传算法、和声算法求解得到的最小安全系数如表 5-1 所示，将基本遗传算法、和声算法中的惩罚策略改为修复策略后得到的最小安全系数也列于表 5-1 中。其对应的临界滑动面如图 5-5 中所示。由表 5-1 内容比较可以看出，利用本文提出的修复策略搜索得到的最小安全系数比惩罚策略下都减小了，减小量达 10%。另外，GEO-SLOPE 边坡分析软件计算得到的毕肖普最小安全系数为 1.270，其临界滑动面如图 5-5 中 5 所示。采取修复策略的和声遗传算法求解得到的临界滑动面与毕肖普方法非常接近，说明本文提出的修复策略是合理、有效的。而由于土坡非圆临界滑动面搜索的强约束性，仅仅采取惩罚策略很难找到合理的滑动面。另外和声遗传算法搜索到的最小安全系数也比基本遗传算法（修复策略）下的结果小，说明将和声算法产生新解的方式融入基本遗传算法中，加强了基本遗传算法的全局搜索能力，收到了很好效果。

土坡 3 计算结果　　　　　　　　表 5-1

和声遗传算法	修复策略		惩罚策略	
	基本遗传算法	和声搜索算法	基本遗传算法	和声搜索算法
1.227	1.276	1.271	1.371	1.371

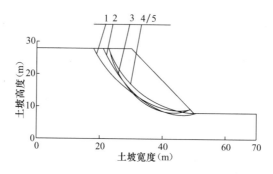

图 5-5　土坡 3 临界滑动面比较

注：1. 基本遗传算法（修复策略）；2. 基本和声算法（修复策略）；
3. 基本和声/遗传（惩罚策略）；4、5. 和声遗传算法/简化毕肖普法

2. 土坡 4

首先利用该算例对本文提出的和声遗传算法的 7 个计算参数 p_c、p_m、θ、HR、PR、p_{hm}、T_{max} 进行敏感性分析。

正交试验表　　　　　　　　　　表 5-2

试验号 \ 因素	p_c	p_m	θ	HR	PR	p_{hm}	T_{max}	F_s
1	1	1	1	1	1	1	1	1.365
2	1	2	2	2	2	2	2	1.320
3	1	3	3	3	3	3	3	1.316
4	2	1	1	2	2	3	3	1.339
5	2	2	2	3	3	1	1	1.393
6	2	3	3	1	1	2	2	1.325
7	3	1	2	1	3	2	3	1.322
8	3	2	3	2	1	3	1	1.335
9	3	3	1	3	2	1	2	1.341
10	1	1	3	3	2	2	1	1.358
11	1	2	1	1	3	3	2	1.344
12	1	3	2	2	1	1	3	1.315
13	2	1	2	3	1	3	2	1.401
14	2	2	3	1	2	1	3	1.327

试验号 \ 因素	p_c	p_m	θ	HR	PR	p_{hm}	T_{max}	F_s
15	2	3	1	2	3	2	1	1.350
16	3	1	3	2	3	1	2	1.326
17	3	2	1	3	1	2	3	1.327
18	3	3	2	1	2	3	1	1.344

对这 7 个参数分别设置 0.8，0.85，0.9；0.001，0.01，0.1；0.1，0.3，0.5；0.85，0.90，1.0；0.01，0.1，0.2；0.1，0.2，0.3；500，1000，2000 三个水平构成的 7 因素三水平正交试验表如表 5-2 所示。F_s 为利用和声遗传算法得到的最小安全系数。

极差分析结果　　　　表 5-3

水平 \ 因素	p_c	p_m	θ	HR	PR	p_{hm}	T_{max}
I	1.336	1.352	1.344	1.338	1.345	1.345	1.358
II	1.356	1.341	1.349	1.331	1.338	1.334	1.343
III	1.333	1.332	1.331	1.356	1.342	1.347	1.324
极差	0.023	0.020	0.018	0.025	0.007	0.013	0.034
次序	3	4	5	2	7	6	1

方差分析结果　　　　表 5-4

因素	离差平方和	自由度 f	平均离差平方和	F 值	临界值 $F_{0.05}$	临界值 $F_{0.01}$	敏感性次序
p_c	0.001881	2	0.000940	28.45			3
p_m	0.001205	2	0.000602	18.22			4
θ	0.001045	2	0.000522	15.80			5
HR	0.002026	2	0.001013	30.64			2
PR	0.000127	2	0.000063	1.92	9.55	30.8	7
p_{hm}	0.000577	2	0.000288	8.72			6
T_{max}	0.003318	2	0.001659	50.18			1
公差	0.0000992	3	0.0000331				

首先从表 5-3 中的极差分析结果可以看出：和声遗传算法中迭代次数对计算结果影响最大，其余依次为 HR、p_c、p_m、θ、p_{hm}、PR。本文新引入的 p_{hm} 参数对计算结果影响不大，这就有利于参数的取值。基本遗传算法中原来计算参数对计算结果的影响较大，计算结果对基本和声算法中的 HR 参数也较为敏感。从表 5-4 中的方差分析结果，我们可以很清楚地看出：迭代次数 T_{max} 对计算结果影响高度显著（其 F 值大于 $F_{0.01}$），PR、p_{hm} 对计算结果不显著（其 F 值小于 $F_{0.05}$），其他参数对计算结果影响显著。以表 5-2 中第 12 组试验得到的最小安全系数作为和声遗传算法得到的最优结果，文[1]中给出的结果介于 $1.28 \sim 1.52$ 之间，其中简化简布法结果最小，而 SARMA 法结果最大，裁判推荐的答案为 1.39，文中给出的临界滑动面比较多，本文只描下了简化毕肖普方法（1.35）以及 SARMA 法的临界滑动面作为比较。采取相同的计算参数，即：$HR = 0.80$，$PR = 0.1$，$x_l = 10.0$，$x_u = 30.0$；$x_L = 50.0$，$x_U = 70.0$，$n = 11$，$p_c = 0.9$，$p_m = 0.01$，$P_{hm} = 0.1$，$\theta = 0.3$。$T_{max} = 2000$，分别采取惩罚策略与修复策略利用基本遗传算法、和声算法对该非均质土坡进行了分析，得到的最小安全系数列于表 5-5。由表 5-5 可以看出，本文提出的修复策略对非均质边坡也非常有效，修复策略替代惩罚策略后，最小安全系数的减小量为 0.15。在相同的 T_{max} 下，和声遗传算法搜索到的结果比基本遗传算法的结果都小，说明引入和声算法产生新解方式后，收到了良好效果。由图 5-6 可以看出，SARMA 法得到的临界滑动面比较深，本文修复策略下和声算法、遗传算法得出的结果与和声遗传算法结果在滑出、滑入点的差别如表 5-6 所示，本文和声遗传算法在滑出、滑入点的位置上与文[1]中给出的多数滑动面很接近，而利用基本遗传算法、基本和声算法得到的结果则有一定差距，这说明利用本文和声遗传算法得到的结果是合理、可靠的。

土坡 4 计算结果				表 5-5
修复策略			惩罚策略	
和声遗传算法	基本遗传算法	和声搜索算法	基本遗传算法	和声搜索算法
1.315	1.336	1.355	1.494	1.494

土坡 4 临界滑动面滑出、滑入点比较（m）　　　表 5-6

方法 坐标	和声遗传算法	遗传算法	和声算法	文[1]中多数答案
滑入点 x 坐标	51.80	52.48	51.90	51.55~51.80
滑出点 x 坐标	30.0	30.0	28.90	30.0

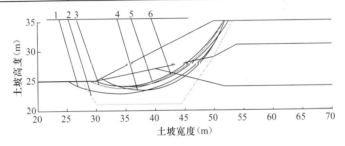

图 5-6　土坡 4 临界滑动面比较

注：1. 毕肖普法；2. SARMA 法；3. 和声算法（修复策略）；
4. 和声/遗传算法（惩罚）；5. 和声遗传算法；6. 遗传算法（修复策略）

　　土坡非圆临界滑动面的搜索中由于很强的约束性，会产生大量的不合理滑动面，仅仅采用惩罚策略处理效率较低，而本文提出的修复策略简单易行、有效，由于和声遗传算法中新引入的参数 p_{hm} 对计算结果影响不显著，特别利于参数的确定。在其他参数相同的前提下，和声遗传算法都得到了比基本遗传算法、基本和声算法更优的结果，同已有结果的比较证明了和声遗传算法可以应用于土坡稳定分析。

5.4　改进和声搜索算法

5.4.1　改进策略 1

　　由和声策略的流程图 5-3 可见，其搜索策略为：以较大概率

（HR）在和声库里随机选取新解，然后以较小的概率（PR）随机扰动，没有很好利用和声库积累的信息，为此本文提出了两点直线搜索策略在和声库里搜索新解。设和声库里的 M 个和声记为 $\mathbf{R}_j$，$j=1$，2，……，M。$R_{j,i}$ 为第 j 个和声的第 i 个乐器（变量），基本和声算法随机选取的解分量为 $R_{K,i}$，（$K=rnd*M$，rnd 为 $[0，1]$ 之间的随机数），若记 $R_{C,i}=\sum\limits_{\substack{j=1\\j\neq K}}^{j=M}R_{j,i}$，则两点直线搜索策略得到的解分量为 $R'_{K,i}=R_{C,i}+\lambda\,(R_{C,i}-R_{K,i})$，$\lambda$ 可由下式计算：

$$\begin{cases}\lambda_{\mathrm{L}}=\dfrac{(l_i-R_{C,i})}{(R_{C,i}-R_{K,i})} & (5.3.1)\\[4mm]\lambda_{\mathrm{U}}=\dfrac{(u_i-R_{C,i})}{(R_{C,i}-R_{K,i})} & (5.3.2)\\[4mm]\lambda_{\max}=\max\{\lambda_{\mathrm{L}},\lambda_{\mathrm{U}}\} & (5.3.3)\\[2mm]\lambda_{\min}=\min\{\lambda_{\mathrm{L}},\lambda_{\mathrm{U}}\} & (5.3.4)\end{cases}$$

$$\lambda=rnd*(\lambda_{\max}-\lambda_{\min}) \qquad (5.3.5)$$

此外，基本和声搜索算法以 $1.0-HR$ 概率在 l_i，u_i 范围内随机选取即：$R_{K,i}=(u_i-l_i)*rnd$，记为随机变异策略。本文改进为两端变异策略（即由 5.4.3 或 5.4.4 产生 $R_{K,i}$）。

$$\begin{cases}y_{\max}=\max\{R_{j,i}\}j=1,2,\cdots,M & (5.4.1)\\[2mm]y_{\min}=\min\{R_{j,i}\}j=1,2,\cdots,M & (5.4.2)\\[2mm]R_{K,i}=y_{\max}+(U_i-y_{\max})*rnd & (5.4.3)\\[2mm]R_{K,i}=L_i+(y_{\min}-L_i)*rnd & (5.4.4)\end{cases}$$

若用两点直线搜索策略替代随机搜索策略，用两端变异策略替代随机变异策略，构成的新和声搜索算法称改进的和声搜索算法。其求解土坡非圆临界滑动面的流程如图 5-7 所示（终止准则 1），其中 t 为迭代次数计数器。

5.4.2　改进策略 2

基本和声搜索算法在每次迭代步中仅仅产生一个新解，没

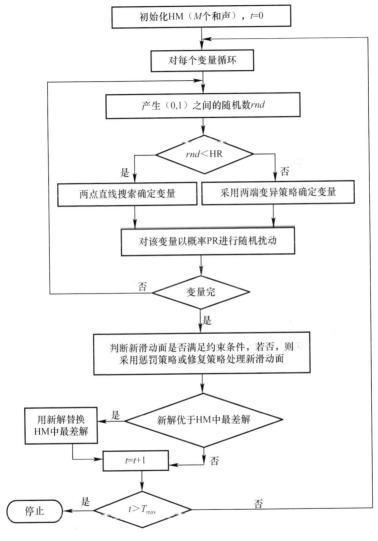

图 5-7 改进和声算法 1 流程图

有尽可能地利用 HM 内的积累信息,为此本文提出了改进的和声搜索算法。具体为:在每个迭代步中由和声库中的和声产生多个(Nhm)新解,然后由和声库中 M 个旧解以及 Nhm 个新

解中重新选择 M 个优异解进入和声库 HM，新算法能够最大限度地利用和声库里面的信息，提高搜索效率。另外还可以合理假定和声库内和声对新解的贡献不一样，即假设优者多贡献原则来产生新解，具体实现步骤如下：对当前和声库中按优异程度从优到劣排序，并根据其序号赋予选择概率值 $p_r(i) = \eta \times (1-\eta)^{i-1}$，同时计算累计概率 $AC(i) = \sum_{j=1}^{i} p_r(j)$，假设需在和声库内确定新和声的某个变量值，则产生 $[0, AC(M)]$ 之间的随机数 r_a，若 $AC(i-1) < r_a \leqslant AC(i)$，则选择第 i 个和声的相应值作为新和声变量的值，该策略体现了上述所谓优者多贡献的原则，算法中 η 取值决定了优者贡献的程度，其值越大，优者贡献程度越大，反之亦然；本文在迭代过程中在 $[0.2, 0.8]$ 区间内随机确定 η 值。采用终止准则 1，不使用优者多贡献原则下，改进和声算法的流程图见图 5-8。

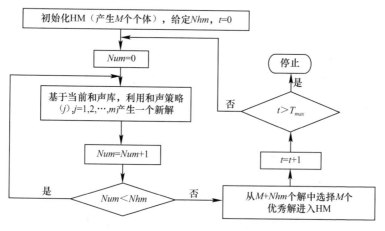

图 5-8 改进和声算法 2 流程图

5.4.3 算例

1. 土坡 3

$x_l = 0.0$，$x_u = 30.0$；$x_L = 40.0$，$x_U = 70.0$，$n = 11$，$T_{max} =$

124

1000，$HR = 0.98$，$PR = 0.1$，$M = 24$，$Nhm = 10$。采用基本和声搜索算法、改进和声算法 1、改进和声算法 2（不使用优者多贡献原则，除注明外下同）对土坡 3 进行了计算。

利用基本和声搜索算法（惩罚策略）搜索到的最小安全系数为 1.371，其临界滑动面如图 5-9 中 1 所示；基本和声搜索算法（修复策略）寻找到的最小安全系数为 1.271，其临界滑动面如图 5-9 中 2 所示；GEO-SLOPE 边坡分析软件计算得到的毕肖普最小安全系数为 1.270，其临界滑动面如图 5-9 中 5 所示；改进和声算法 1 结果为 1.261，改进和声算法 2 得到的最小安全系数为 1.252，对应的临界滑动面分别如图 5-9 中所 3、4 示；由此可见，提出的修复策略非常有效，采用惩罚策略很难搜索到真正的最小安全系数，这是因为非圆临界滑动面搜索的强约束性所致，另外，改进的和声搜索算法比基本和声搜索算法更接近边坡分析软件结果的临界滑动面，这从图 5-9 中 3、4 与 5 的比较可以得知。

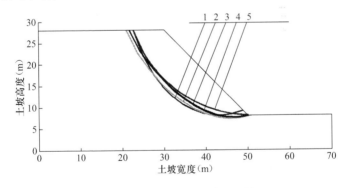

图 5-9　土坡 3 临界滑动面比较

2. 土坡 6

取 $HR = 0.98$，$PR = 0.1$，$x_l = 10.0$，$x_u = 30.0$；$x_L = 50.0$，$x_U = 70.0$，$n = 11$。分别采用修复策略、惩罚策略利用基本和声搜索算法与改进和声算法 1、改进和声算法 2 求解得到的安全系数如表 5-7 所示。

由表 5-7 可以看出，本文提出的修复策略对非均质边坡非常有效。文[127]中计算得到的最小安全系数为 0.405（简化 Janbu法），经修正后为 0.430，文中还给出了简化 Bishop 法结果为0.417。$T_{max} = 4000$ 时，基本和声算法（惩罚策略）为 0.514，基本和声搜索算法（修复策略）下为 0.409，本文改进和声搜索算法 1 搜索得到的结果为 0.406，改进和声算法 2 为 0.405，三者的临界滑动面比较如图 5-10 所示。另外比较可以发现，改进和声算法 2 在迭代次数较小的情况下就可搜索到较好的结果。

土坡 6 分析结果 表 5-7

T_{max}	算法 基本和声算法		改进和声算法 1		改进和声算法 2	
	修复策略	惩罚策略	修复策略	惩罚策略	修复策略	惩罚策略
1000	0.412	0.514	0.413	0.514	0.406	0.514
2000	0.411	0.514	0.407	0.514	0.406	0.514
3000	0.410	0.514	0.407	0.514	0.406	0.514
4000	0.409	0.514	0.406	0.514	0.405	0.514

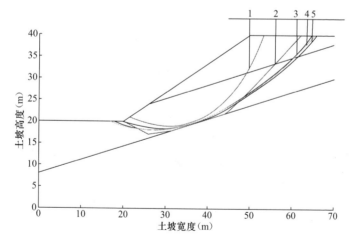

图 5-10　土坡 6 临界滑动面比较

注：1. 基本和声算法（惩罚策略）；2. 文中结果；3. 改进和声算法 2；
4. 基本和声算法（修复策略）；5. 改进和声算法 1。

5.5 任意滑动面模拟策略的比较研究

基本和声搜索算法共有三个参数即 HR，PR，T_{max}，算法参数对计算结果肯定有一定的影响，但为了研究在相同的算法条件下各种滑动面模拟策略的效率高低，所以设置：$HR=0.98$，$PR=0.1$，T_{max} 分别取 10000，20000 次，条块数 n 分别取 15、25，采用 Spencer 法计算可行滑动面的安全系数，采用第二章介绍的 7 个模拟策略对 4 个土坡进行了计算分析。

5.5.1 均质土坡 9

对于土坡 9，7 种策略分析的结果如图 5-11 曲线所示：当 $n=15$ 时，策略 1 所得结果最差，最小安全系数为 1.418；策略 2 的结果为 1.36，其余策略均比策略 1、2 优异，其中策略 5 结果最优为 1.30。而当条块数 n 增大为 25 时，策略 1、2 的模拟效率明显下降，而其他策略变化不大，反映在图 5-11 中，策略 1 的结果为 1.65，策略 2 的结果为 1.47，其余策略搜索结果仍为 1.32 左右。另外，从图 5-11 还可看出，当 T_{max} 由 10000 增加到 20000 时，策略 1、2 的结果变化最大，而其余策略结果几乎不变，这也说明了策略 1、2 的模拟效率较低，其余策略仅需搜索算法迭代 10000 次即可得到最优的结果，而策略 1、2 却需更多的迭代计算才能发现较优的结果。Malkawi 和 Greco 均采用蒙特卡洛方法搜索该均质土坡的最危险滑动面，Malkawi 所得临界滑动面如图 5-12 中所示，Greco 给出的最小安全系数为 1.327。

从图 5-12 中临界滑动面比较来看，策略 1、2 下所得结果较深，而其他结果相对集中在一起，差别不大。对于较简单的均质土坡而言，策略 1、2 应该也能搜索到最优解，只是算法迭代次数需要加大，本文仅是为方便比较各模拟策略的效率才固定取 $T_{max}=10000$，20000 次。

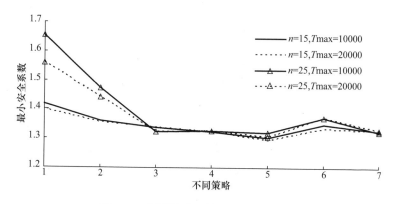

图 5-11　不同策略下均质土坡计算结果

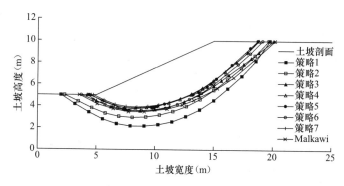

图 5-12　不同策略下均质土坡的临界滑动面比较

5.5.2　土坡 4

以 Bolton 分析过的非均质土坡 4 为例，7 种策略下搜索得到的结果绘于图 5-13 中。同样当 $n=15$ 时，策略 1 搜索到的结果最差，这是因为随机生成的大量不可行滑动面中不满足约束 I 的部分需要修复才能成为可行滑动面，而策略 3、4、5 随机即可产生可行滑动面，不需修复；另外修复过程不仅耗时，而且往往修复得到的滑动面为直线段，导致搜索效率不高。当 $n=25$ 时，策略 1 的效率更低，所得安全系数为 2.01，策略 2 所得结果为 1.75，其余策略下所得结果介于 1.3～1.39 之间，其中又以策略 5 所得结果最小。Bolton 采用 Leap-Frog 算法搜索该土坡最小的安全系数为 1.359,相应的临界滑动面如图 5-14 中所示。反映在临界滑动面的比较上,从图 5-14 中可以看出,策略 1、2 下的滑动面较之其余策略下的结果以及 Bolton 结果偏于土坡下方,其他结果分布较集中。

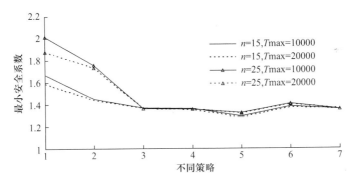

图 5-13　不同策略下土坡 4 计算结果

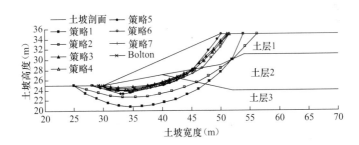

图 5-14　不同策略下 Bolton 土坡临界滑动面比较

5.5.3　土坡 10

以 Zolfaghari 分析过的土坡 10 为例,Zolfaghari 采用简单遗传算法搜索土坡最小的安全系数,所得结果为 1.24,相应的临界滑动面如图 5-15 所示。该土坡的滑动具有倾斜软弱层控制,除策略 1、2 外其他策略搜索到的临界滑动面以及 Zolfaghari 所得临界滑动面均沿软弱层底部滑动，唯一差别在于滑动面的起始段。7种策略下的计算结果示于图 5-16，策略 3～7 下结果的起始段较之 Zolfaghari 结果更靠近软弱层，这说明 Zolfaghari 结果并不是最优的。对于该土坡，策略 1、2 完全失效，$n=15$ 时搜索到的最小安全系数分别为 2.97、2.90；$n=25$ 时，分别为 3.47、3.12。策略 5、6 搜索效率较高，两种条块数下均能搜索到较好的结果，为 1.11～1.12。策略 3、4、7 在 $n=25$ 时，也没有得到较优解，这说明模拟具有软弱层控制的土坡时，策略 5、6 较好。

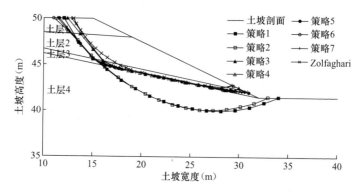

图 5-15　不同策略下土坡 10 临界滑动面比较

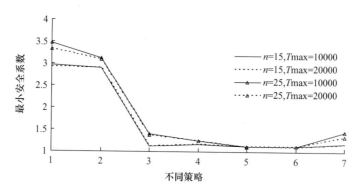

图 5-16　不同策略下土坡 10 计算结果

5.5.4 土坡 11

考虑不规则软弱层控制的土坡 11，计算中考虑了 $\alpha_g = 0.1$ 的地震力。利用 7 个策略对该土坡进行了分析，所得结果绘于图 5-17 中。同上述软弱层土坡一样，策略 1、2 的模拟效率较低。所得最小安全系数较之其他策略下高很多。策略 3、4、7 所得结果相差不大，介于 $1.08 \sim 1.12$ 之间；策略 5 所得结果介于 $1.10 \sim 1.16$ 之间；而能够模拟凸任意滑动面的策略 6 很好地模拟了该土坡的临界滑动面，搜索所得结果介于 $1.00 \sim 1.03$ 之间。从图 5-18 中的临界滑动面比较可以看出，策略 6 所得临界滑动面与软弱层形状类似，具有凸的部分。其他模拟策略由于严格满足式（2），所模拟得到的滑动面只能是非凸的。策略 1、2 所得临界滑动面与其余策略结果相差很远，再次说明其模拟效率较低。

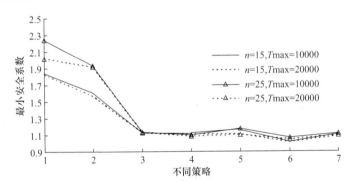

图 5-17 不同策略下土坡 11 计算结果

利用极限平衡法分析土坡稳定时，各学者虽分别提出了不同的搜索方法，都取得了较好的效果，然而土坡临界滑动面的搜索还应该包括任意滑动面的模拟策略研究，各学者往往忽略这部分的相关工作，通过 4 个土坡的实例分析表明，对具有软弱层控制的土坡推荐使用策略 5、6 来分析，其中策略 6 还可模拟凸的滑动面，使用范围更广，而对于均质土坡各个策略相差

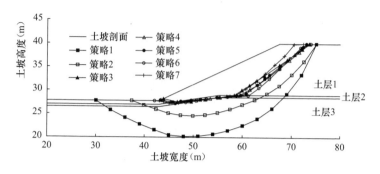

图 5-18 不同策略下土坡 11 的临界滑动面比较

不大，只是策略 1、2 较之其他策略需要更多的搜索时间，推荐使用作者所提出的新策略 5、6 进行土坡稳定分析。

5.6 改进粒子群优化算法

在第三章已经介绍过基本粒子群优化算法以及联合复合形法和粒子群算法来搜索临界圆弧滑动面，本章将在综合分析粒子群算法本身缺陷以及寻优策略内涵的基础上提出几种改进的粒子群优化算法。

5.6.1 不连续飞行策略

据作者多次计算发现，对于设计变量较多的优化问题，粒子群优化算法收敛速度较慢，本文提出的不连续飞行策略基于如下合理假设：在每次迭代步中，可假设 N_r 个有代表的粒子去飞行，较优异的粒子可飞行多次，飞行多次的粒子，随机选择一个新位置作为下次迭代的位置，剩余的新位置随机分配给不飞行的粒子。不连续飞行的实现步骤如下：

（1）对当前粒子群，按照目标函数值降序排列，并分配给各例子一个选择概率 $pr(i) = \eta(1.0 - \eta)^{i-1}, i = 1, 2, \cdots, M$。计算累积概率 $ac(i) = \sum_{j=1}^{i} pr(i), i = 1, 2, \cdots, M$。

（2）随机产生 [0，1] 之间的随机数 r_0，若 $ac_{i-1} < r_0 \leqslant ac_i$，则选择排第 i 位的粒子进行飞行，并记住达到的新位置和新速度；如此进行，直至达到总共的飞行次数 N_r。

（3）对每个粒子进行判断，若其飞行一次，则用新位置、新速度代替其旧位置、速度；若该例子飞行多于一次，则从新位置、新速度中随机选择一个作为本身的新位置、新速度，汇总所有多余的新位置，随机分配给在该迭代步中没有飞行的粒子。

实际上不连续飞行策略还可以简单地理解成，在一次迭代步中整个群体中仅有 N_r 个不同的粒子去飞行，为加以比较称之为 Discontinuous 2，文中称一次迭代步中允许一个粒子多次飞行的不连续飞行策略为 Discontinuous 1。

5.6.2 飞行越界时的和声处理策略

1. ω 对 PSO 影响分析

设 $n=15$，分别取 $\omega=0.1, 0.2, \cdots, 0.9, 1.0$，对土坡 8 的最小安全系数进行了搜索，计算耗费的时间可用目标函数计算的次数（若生成的滑动面不可行，则不计算其目标函数）NOFE 来衡量，另外还统计了计算过程中粒子飞行时越界的次数 NE（Number of Exceed），按粒子位置向量的分量统计，即在一个迭代步中，一个粒子最多越界 2×15 次。分别以 ω 为横轴，最小安全系数、NOFE、NE 为纵轴，绘制的散点趋势图如图 5-19～图 5-21 所示。

由图 5-19 可见，随着 ω（$\omega > 0.5$）的增大，PSO 所能搜索到的最小安全系数越来越大，其中以 $\omega=0.5$ 时，结果最优；$\omega \leqslant 0.5$ 时，所得最小安全系数相差不大。由图 5-21 可见，$\omega \leqslant 0.5$ 时，NE 较小，算法搜索的效率较高；相反，当 $\omega > 0.5$ 时，NE 逐渐增大，较多的粒子越界而导致搜索效率低。当 ω 取 0.9、1.0 时，由于搜索效率低，所以在 $D_1 + D_2$ 次迭代步中，不能发现更好的解，导致算法停止。反映在图 5-20 中，它们对

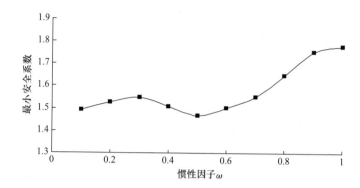

图 5-19　最小安全系数随 ω 的变化图

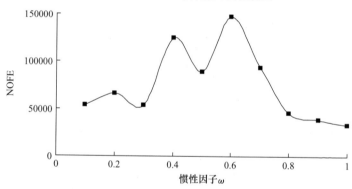

图 5-20　NOFE 随 ω 的变化图

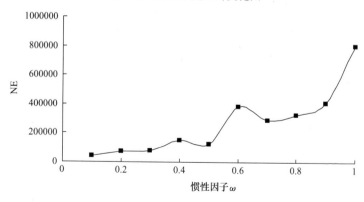

图 5-21　NE 随 ω 的变化图

应的 NOFE 较小。要想解决 PSO 搜索效率的问题，必须在粒子飞行越界时，给出相应的对策，本文拟用和声策略产生新解的方式解决此问题。

2. 和声策略修正越界分量

粒子一次飞行完毕后，对粒子新位置的每个分量进行检查，若某分量存在越界情况，则舍弃当前分量改用和声策略得到新分量。详细说来即．将当前粒子群体与和声库内和声相对应，设第 j 个粒子飞行完毕，其第 i 分量存在越界情况，则使用和声策略（i）产生 $z_{\text{new}i}$ 作为越界分量的值。

5.6.3 位置空间内的直接更新策略

其实，基于 PSO 的思想，可以有不同的实现方式，利用速度更新只是其一，也可将粒子当前位置、个体极值 pbest、群体极值 gbest 三个位置向量置入和声算法中的和声库，利用和声策略即可得到一个新的位置向量，该位置向量同样是综合考虑了以上三个位置向量，只不过没有借助速度，而是直接在位置空间内实施，较使用速度更新更简洁明了。

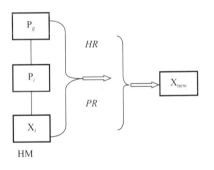

图 5-22　和声策略示意图

5.6.4 改进粒子群优化算法迭代步骤

（1）参数初始化：给定微粒群的群体大小即 M 值，和声策略用到的 HR，PR，终止准则 2 中 D_1，D_2，$D_3 = D_1$，不连续飞行策略中拟飞行的粒子个数 N_r，迭代次数计数器 $t = 0$。

（2）群体初始化：在设计变量的最小、最大范围内随机生成个粒子 $\mathbf{X}_1, \cdots\cdots, \mathbf{X}_M$，$\mathbf{X}_i = (z_{i1}, z_{i2}, \cdots\cdots, z_{an})$，并计算其相应的目标函数值 $f_1, f_2, \cdots\cdots, f_M$；设置个体极值以及群体极值 f_g 为

一个很大的值，起初，群体中所有粒子均飞行。

（3）对飞行的粒子更新个体极值，然后更新群体极值。

（4）若 $t=D_3$，且群体极值没有变化，则终止迭代，并将群体极值作为最终解；若 $t=D_3$，但群体极值有变化，则更新 $D_3=D_3+D_2$，继续进行迭代；若非以上两种情况，则继续进行迭代。

（5）随机选择 N_r 个粒子进行位置更新（基于 Discontinuous 2，若基于 Discontinuous 1，则进行 N_r 次飞行）。

（6）以基于位置空间直接迭代策略为例，对每个要更新的粒子进行如下操作：将粒子当前位置、其相应的个体极值以及群体极值放入和声库（HM）内，然后和声策略（i），$i=1$，2，……，m 产生一个新的位置作为粒子的新位置；若采用基于和声策略处理越界分量时，需要对粒子新位置进行逐个分量的检查，若第 k 个分量越界，则利用和声策略（k）处理。

（7）$t=t+1$；转（3）。

5.7 几种改进算法的实例分析

基于多种模拟策略的比较分析结果，本节采用策略 6 模拟任意滑动面，利用斯宾塞法计算其安全系数，选用土坡 10、11、12，对改进的粒子群算法、引入和声策略的遗传算法（途径二）、基于优者多贡献的改进和声算法 2 以及相应的基本算法粒子群算法、遗传算法、和声算法进行了算例分析。

5.7.1 分析说明

算例分析中，利用 HS1，HS2，GA1，GA2，PSO1，PSO2，PSO3，PSO4，PSO5（其中 HS1 为基本和声算法，HS2 为基于优者多贡献原则的改进和声算法 2；GA1 代表基本的遗传算法，GA2 代表基于途径 2 的引入和声策略的遗传算法；PSO1 为基本粒子群算法，PSO2 为基于 Discontinuous 1 的不连续飞行粒子群算法，PSO3 为基于 Discontinuous 2 的不连续飞行粒子群算法，PSO4 为基于和声策略处理越界分量的粒子群算法，PSO5 为基于位置空间直接迭代策略的粒子群算法）等 9 种算法进行了分析，在终止准则方面，分别选用第 2、第 3 种不同终止准则进行以达到不同目的。任意滑动面模拟策略 6 中，条块数分别等于 15、20、25。算法参数设置为：HS1、HS2 中 $HR=0.98$，$PR=0.1$，HS2 中 $Nhm=5$；GA1、GA2 中 $\theta=0.3$，$\rho_c=0.9$，GA1 中 $\rho_m=0.1$，GA2 中 $HR=0.98$，$PR=0.1$；PSO1、PSO2、PSO3、PSO4 中 $c_1=2.0$、$c_2=2.0$、$\omega=0.5$、PSO2、PSO3 中 $N_l=5$，PSO2 中 $\eta\in[0.2, 0.8]$，PSO4、PSO5 中 $HR=0.98$、$PR=0.1$。算法参数对计算结果的影响要具体分析，以上参数设置的目的是为了在相同参数设置下比较各种算法的效率。

5.7.2　分析结果

见表 5-8～表 5-10。

终止准则 3 下土坡 10 的结果比较

表 5-8

不同算法		$n=15$		$n=20$		$n=25$	
		安全系数	NOFE	安全系数	NOFE	安全系数	NOFE
和声算法 HS	HS1	1.1870	10000	1.1608	10000	1.1282	10000
	HS2	1.1185	10000	1.1319	10000	1.1121	10000
遗传算法 GA	GA1	1.1546	10000	1.1256	10000	1.1891	10000
	GA2	1.1343	10000	1.1250	10000	1.1398	10000
粒子群算法 PSO	PSO1	1.1549	10000	1.2342	10000	1.1627	10000
	PSO2	1.1563	10000	1.2083	10000	1.1829	10000
	PSO3	1.1649	10000	1.2944	10000	1.2259	10000
	PSO4	1.1109	10000	1.1343	10000	1.1250	10000
	PSO5	1.1521	10000	1.1255	10000	1.1182	10000

终止准则 3 下土坡 11 的结果比较　　　　表 5-9

不同算法		$n=15$		$n=20$		$n=25$	
		安全系数	NOFE	安全系数	NOFE	安全系数	NOFE
和声算法 HS	HS1	0.9816	10000	1.0725	10000	1.0672	10000
	HS2	0.9750	10000	1.0524	10000	0.9809	10000
遗传算法 GA	GA1	1.0348	10000	1.0599	10000	0.9998	10000
	GA2	0.9881	10000	1.0590	10000	1.0110	10000
粒子群算法 PSO	PSO1	1.0640	10000	1.0598	10000	1.0362	10000
	PSO2	0.9815	10000	1.1935	10000	1.0130	10000
	PSO3	1.0445	10000	1.1208	10000	1.0280	10000
	PSO4	1.0553	10000	1.0357	10000	1.0446	10000
	PSO5	0.9775	10000	1.0258	10000	1.0446	10000

终止准则 3 下土坡 12 的结果比较　　　　表 5-10

不同算法		$n=15$		$n=20$		$n=25$	
		安全系数	NOFE	安全系数	NOFE	安全系数	NOFE
和声算法 HS	HS1	1.1384	10000	1.1694	10000	1.1817	10000
	HS2	1.0458	10000	1.1227	10000	1.1228	10000
遗传算法 GA	GA1	1.6374	10000	1.2261	10000	1.1648	10000
	GA2	1.1099	10000	1.1288	10000	1.1272	10000
粒子群算法 PSO	PSO1	1.0970	10000	1.0702	10000	1.0838	10000
	PSO2	1.1289	10000	1.0688	10000	1.1258	10000
	PSO3	1.1214	10000	1.1026	10000	1.1062	10000
	PSO4	1.1579	10000	1.0761	10000	1.0932	10000
	PSO5	1.1031	10000	1.0834	10000	1.0726	10000

由表 5-8～表 5-10 可以看出，HS2 比 HS1、GA2 比 GA1 优异，粒子群算法中，PSO2、PSO3 的效果不好，与 PSO1 结果基本一致，而 PSO4 和 PSO5 均比其他 3 种 PSO 算法优异。其中 PSO5 效果最好，建议采用。

PSO1 和 PSO4 中参数取：$c_1=2.0$，$c_2=2.0$，PSO4 中 $HR=0.98$，$PR=0.1$，分别设 $\omega=0.1$，0.2，……，0.9 等九个值，以土坡 10 为例，条块数 $n=20$，两种算法的计算结果示

于图 5-23，由图 5-23 很明显地看出，在 ω 值大于 0.6 以后，PSO1 的计算结果呈增大趋势，尤其是当 $\omega=0.9$ 时，最小安全系数为 1.46，而 PSO4 由于采取了越界分量的判断与相应的和声策略处理，所得结果较为理想，算法所得结果与 ω 基本无关，这也显示了基于和声策略修复越界分量的有效性。

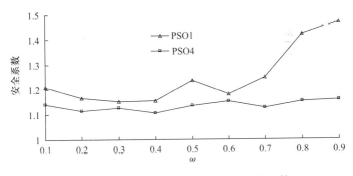

图 5-23　基于和声策略修复越界分量的比较

不连续飞行策略中（以 PSO3 为例），分别取 $N_r = 1$，2，……，20 等不同值，取 $n=20$，对土坡 10 进行了计算，所得结果示于图 5-24 中，由图 5-24 可以看出，不同 N_r 取值所得计算结果均位于 $1.15 \sim 1.20$ 之间，影响不大。

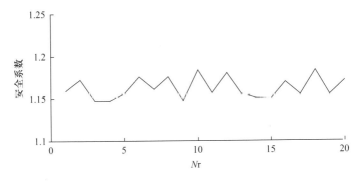

图 5-24　不连续飞行策略中 N_r 对计算结果的影响

粒子群算法中惯性因子 ω 对计算结果影响显著，本文暂不对 PSO1 进行敏感性分析，PSO2、PSO3 较之 PSO1 不同之处在于参数 N_r，而且上文中已经给出了不同 N_r 对计算结果的影响，基于图 5-23，可以知道基于和声策略修复越界分量的效果较为显著，有必要分析 PSO4 中 ω，HR，PR 等参数的敏感性。另外还需分析 PSO5 中两个计算参数 HR，PR 的敏感性。GA1 中 ρ_c，ρ_m 以及 GA2 中 ρ_c，HR，PR 的参数敏感性同样需要分析。如此，PSO4 中，对 ω，HR，PR 三个参数分别设置 0.1，0.5，0.9；0.8，0.9，1.0；0.05，0.1，0.15 等三个水平；PSO5 中，对 HR，PR 分别设置 0.8，0.9，1.0；0.05，0.1，0.15 等三个水平，GA1 中，对 ρ_c，ρ_m 分别设置 0.2，0.5，0.9；0.05，0.10，0.15 等三个水平；GA2 中，对 ρ_c，HR，PR 分别设置 0.2，0.5，0.9；0.8，0.9，1.0；0.05，0.10，0.15 等三个水平；以土坡 10 为例，取 $n=20$，采用第 3 种终止准则，进行了参数敏感性分析。

PSO4 正交试验结果　　　　表 5-11

试验号 ＼ 因素	ω	HR	PR	F_s
1	1	1	1	1.1563
2	1	2	2	1.1470
3	1	3	3	1.1362
4	2	1	2	1.1237
5	2	2	3	1.1248
6	2	3	1	1.1181
7	3	1	3	1.2065
8	3	2	1	1.1524
9	3	3	2	1.1596

PSO4 极差分析结果 表 5-12

水平＼因素	ω	HR	PR
Ⅰ	1.146	1.162	**1.142**
Ⅱ	**1.122**	1.141	1.143
Ⅲ	1.173	**1.138**	1.156
极差	0.051	0.024	0.014
次序	1	2	3

PSO4 方差分析结果 表 5-13

因素	离差平方和	自由度 f	平均离差平方和	F 值	临界值 $F_{0.05}$	$F_{0.01}$	敏感性次序
ω	0.003847	2	0.001923	6.55			1
HR	0.001029	2	0.0005146	1.75	19.0	99.0	2
PR	0.0003376	2	0.0001688	0.57			3
公差	0.0005874	2	0.0002937				

PSO5 正交试验结果 表 5-14

试验号＼因素	HR	PR	F_s
1	1	1	1.1632
2	1	2	1.1463
3	1	3	1.2350
4	2	1	1.1260
5	2	2	1.1437
6	2	3	1.1460
7	3	1	1.1929
8	3	2	1.1196
9	3	3	1.1259

PSO5 极差分析结果 表 5-15

水平＼因素	HR	PR
Ⅰ	1.181	1.161
Ⅱ	**1.139**	**1.137**
Ⅲ	1.146	1.169
极差	0.042	0.032
次序	1	2

141

因素	离差平方和	自由度 f	平均离差平方和	F 值	临界值 $F_{0.05}$	临界值 $F_{0.01}$	敏感性次序
HR	0.003149	2	0.001574	1.00			1
PR	0.001703	2	0.0008516	0.54	6.9	18.0	2
公差	0.0062739	4	0.001568				

由以上表 5-16 的正交试验分析结果可以看出，PSO4 中 ω 对计算结果影响最大，其次是 HR，最后是 PR，但从方差分析结果可以看出，三个参数的 F 值均小于临界值 $F_{0.05}$，所以它们对计算结果的影响均不显著。同样地，从 PSO5 的极差分析结果可以看出，HR 对计算结果影响最大，其次是 PR，但它们的 F 值同样小于其相应的临界值 $F_{0.05}$。

终止准则 2 下土坡 10 的结果比较   表 5-17

不同算法		$n=15$ 安全系数	$n=15$ NOFE	$n=20$ 安全系数	$n=20$ NOFE	$n=25$ 安全系数	$n=25$ NOFE
和声算法 HS	HS1	1.1602	7521	1.1537	9516	1.1282	6512
	HS2	1.1173	12407	1.1368	7502	1.1130	7517
遗传算法 GA	GA1	1.1407	20040	1.1294	33937	1.1363	97831
	GA2	1.1295	31731	1.1195	56410	1.1250	41853
粒子群算法 PSO	PSO1	—	—	—	—	—	—
	PSO2	1.1610	10112	1.2816	9078	1.2228	6419
	PSO3	1.1136	21421	1.1494	29307	1.1780	12477
	PSO4	1.1117	11478	1.1163	15479	1.1181	14494
	PSO5	1.1508	13408	1.1231	15441	1.1182	10492

终止准则 2 下土坡 11 的结果比较   表 5-18

不同算法		$n=15$ 安全系数	$n=15$ NOFE	$n=20$ 安全系数	$n=20$ NOFE	$n=25$ 安全系数	$n=25$ NOFE
和声算法 HS	HS1	0.9550	10211	1.0918	7262	1.1028	6422
	HS2	0.9671	7438	1.0593	9537	0.9907	9534
遗传算法 GA	GA1	1.0161	25918	1.0464	72009	0.9799	42057
	GA2	1.0015	36628	1.0328	56745	0.9612	153836

不同算法		n=15		n=20		n=25	
		安全系数	NOFE	安全系数	NOFE	安全系数	NOFE
粒子群算法 PSO	PSO1	—	—	—	—	—	—
	PSO2	0.9812	12168	1.1935	6282	1.0070	17220
	PSO3	1.0395	17274	1.2727	6242	0.9932	25119
	PSO4	0.9738	9481	1.0040	16437	1.0123	8440
	PSO5	1.0554	9515	0.9839	18375	0.9991	10419

终止准则 2 下土坡 12 的结果比较　　　表 5-19

不同算法		n=15		n=20		n=25	
		安全系数	NOFE	安全系数	NOFE	安全系数	NOFE
和声算法 HS	HS1	1.1507	7532	1.2025	8542	1.1844	12552
	HS2	1.0399	6532	1.1215	7542	1.1536	6552
遗传算法 GA	GA1	1.6208	31694	1.2097	28540	1.1070	42058
	GA2	1.1043	49222	1.1110	49296	1.1047	60990
粒子群算法 PSO	PSO1	—	—	—	—	—	—
	PSO2	1.1289	6527	1.0672	12537	1.1258	6547
	PSO3	1.1212	12527	1.1023	11537	1.0971	22547
	PSO4	1.0881	30527	1.0768	21537	1.0682	16547
	PSO5	1.1213	15527	1.0917	18537	1.1011	16547

注："—"表明没有进行 PSO1 的计算。

　　由表可以看出，终止准则 2 下，各种算法的耗时不尽相同，就和声算法来讲，HS2 得到较 HS1 更好的结果，对于不同的土坡，耗时有所不同，HS2 能在规定的迭代次数内发现较好解，所以其耗时就会较大，HS1 不能在规定迭代次数内发现更好解，所以会提前收敛，表现出较小的耗时；同样遗传算法中，GA2 较之 GA1 也有类似的结论。粒子群算法中，为了公平比较算法在相同条件下能否发现较好解，PSO2，PSO3，PSO4，PSO5 中都采取了不连续飞行策略，并且 $N_r = 5$。PSO2、PSO3 较之 PSO4、PSO5 耗时小，但结果稍大。PSO4、PSO5 表现较好，建议使用。图 5-25～图 5-27 给出了终止准则 2 下，条块数 $n=$

20，每种算法所得最好结果与文献中已有结果的比较。

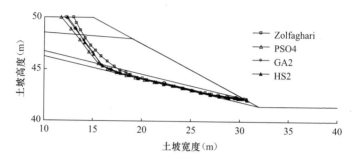

图 5-25 土坡 10 临界滑动面比较

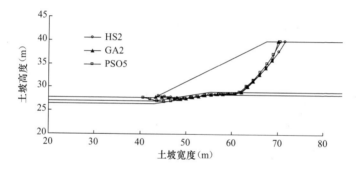

图 5-26 土坡 11 临界滑动面比较

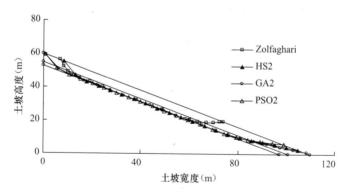

图 5-27 土坡 12 临界滑动面比较

对于土坡 10 而言，Zolfaghari 利用斯宾塞法计算安全系数，采用遗传算法搜索最小的安全系数，所得的最终结果为 1.24，临界滑动面如图 5-25 中所示。因为 Zolfaghari 采用优化算法求解每个滑动面的安全系数，而不是常规的简单迭代法，所以实际上 Zolfaghari 处理的是双重优化问题，可能由于遗传算法早熟而没能找到最小的安全系数，将其搜索得到的滑动面输入到本文程序中，所得结果与 Zolfaghari 结果基本一致，大致介于 1.20~1.25 之间（不同条块数），本文所得的最小安全系数结余 1.10~1.14 之间，从临界滑动面的比较来看，本文结果划入点较之 Zolfaghari 结果靠左，滑动面中包含了更多的软弱层部分，应该比 Zolfaghari 结果更为合理。

Zolfaghari 同样采取斯宾塞法和遗传算法来分析土坡 12，其最小安全系数为 1.14，临界滑动面如图 5-27 中所示，本文算法所的结果介于 1.07~1.13 之间，与 Zolfaghari 结果相差不大，但从临界滑动面比较来看，本文结果滑动面均较 Zolfaghari 结果范围大，其中 PSO2 得到了较优结果为 1.06。

5.8　两阶段优化策略

根据潘家铮教授[6]思想，如果能固定滑动面的入口、出口（譬如本书图 2-4 中的 A、B 两点），就可以求出对应的最小安全系数，然后再变换出入口位置，即可确定土坡的最小安全系数。本文首先固定非圆滑动面的特征点（出口、入口位置），然后给定一个水平间距 hr 划分土条，以各土条竖直坐标为优化变量，安全系数最小为优化目标，进行危险非圆滑动面的寻优（第一阶段寻优）；然后变动非圆滑动面特征点，进行第二阶段寻优，寻找整个土坡的最危险非圆滑动面及其对应的安全系数。第一阶段优化得到的最优值作为第二阶段优化的目标函数值，第一阶段的目标函数值即边坡安全系数本身，这就是所谓的两阶段优化算法（为了区分，本章以上几节可称之为一阶段优化策略）。这样，第二阶段的优化问题可以表述为：

$$\begin{cases} \min f(x_A, x_B) \\ X_{LA} \leqslant x_A \leqslant X_{UA} \\ X_{LB} \leqslant x_B \leqslant X_{UB} \end{cases} \qquad (5.5)$$

式中 $f(x_A, x_B)$ 为出入口 (x_A, x_B) 确定后进行第一阶段优化得到的最小安全系数；第一阶段的优化问题可以表述如下：

$$\begin{cases} \min S_{x_A, x_B}(Y) \\ Y \in T(x_A, x_B, hr) \end{cases} \qquad (5.6)$$

式中 $S_{x_A, x_B}(Y)$ 为相应于 x_A，x_B 的任一滑动面对应的安全系数，Y 为所有垂直条分线上的纵坐标组成的向量，hr 为垂直条分线的水平间距，$T(x_A, x_B, hr)$ 为优化变量 x_A，x_B 确定后，同时给定垂直条分线的水平间距 hr 所产生的 Y 向量的集合。由两阶段优化思路可知，$f(x_A, x_B) = \min S_{x_A, x_B}(Y)$。第一阶段优化设计变量的个数与垂直条分的水平间距 hr 有关，其值越大，优化设计变量个数越少，计算时间少，但模拟滑动面的精度不够；其值越小，优化设计变量越多，虽模拟的精度高，但计算时间长。在实际计算中，垂直条分的水平间距不能取得太大，因为太大不能很好地模拟滑动面的精度。第一阶段优化方法分别采取了前面介绍过的粒子群优化算法、和声搜索算法、遗传算法，第二阶段优化因为变量个数为 2，所以固定采用了基本复合形法。表 5-20 给出了计算所用到的出入口位置界限所得的计算结果，表 5-21 是所得到的计算结果，图 5-28～图 5-34 给出了 7 个土坡算例临界滑动面的比较。

三种算法的参数设置如下：水平间距 $hr = 4.0\text{m}$。

粒子群算法参数：$w = 0.5$，$c_1 = c_2 = 2.0$，$T_{max} = 100$。

和声算法参数：$HR = 0.95$，$PR = 0.1$，$T_{max} = 1000$。

遗传算法参数：$\theta = 0.4$，$p_c = 0.8$，$p_m = 0.01$，$T_{max} = 500$。

出入口位置界限（m）   表 5-20

界限 / 土坡	土坡 1	土坡 2	土坡 3	土坡 4	土坡 5	土坡 6	土坡 7
X_{LA}	0.0	10.0	0.0	25.0	35.0	15.0	0.0
X_{UA}	9.9	19.9	29.9	30.5	45.0	22.0	10.0
X_{LB}	15.0	30.0	40.0	50.1	65.0	50.1	40.0
X_{UB}	30.0	50.0	50.0	55.0	75.0	60.0	70.0

两阶段计算结果   表 5-21

方法 / 土坡	土坡 1	土坡 2	土坡 3	土坡 4	土坡 5	土坡 6	土坡 7
粒子群算法	1.371	1.230	1.250	1.306	1.349	0.410	1.385
和声算法	1.398	1.119	1.267	1.348	1.354	0.442	1.393
遗传算法	1.376	1.327	1.253	1.310	1.364	0.440	1.392

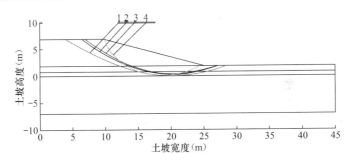

图 5-28 土坡 1 计算结果

注：1. 和声算法；2. 遗传算法；3. 粒子群算法；4. 圆弧滑动面（瑞典法）。

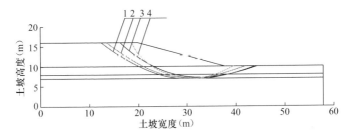

图 5-29 土坡 2 计算结果

注：1. 粒子群算法；2. 和声算法；3. 遗传算法；4. 圆弧滑动面（瑞典法）。

147

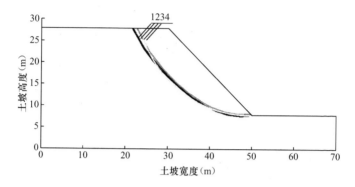

图 5-30　土坡 3 计算结果

注：1. 遗传算法；2. 粒子群算法；3. 圆弧滑动面（瑞典法）；4. 和声算法。

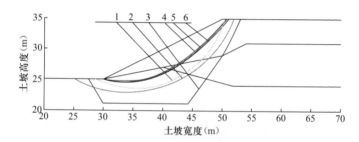

图 5-31　土坡 4 计算结果

注：1. 圆弧滑动面（瑞典法）；2. 文[1]中 BISHOP 法；3. 文中 SARMA 法；
4. 粒子群算法；5. 和声算法；6. 遗传算法。

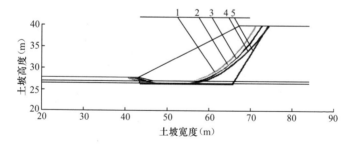

图 5-32　土坡 5 计算结果

注：1. 和声算法；2. 圆弧滑动面（瑞典法）；3. 遗传算法；
4. 粒子群算法；5. 文[1]中 SARMA 法。

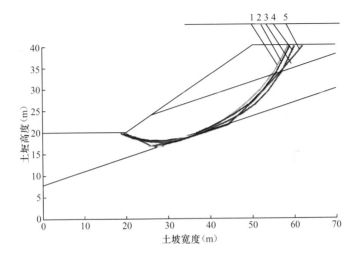

图 5-33 土坡 6 计算结果

注：1. 和声算法；2. 遗传算法；3. 圆弧滑动面（瑞典法）；
4. 粒子群算法；5. 文[127]中结果（JANBU 法）。

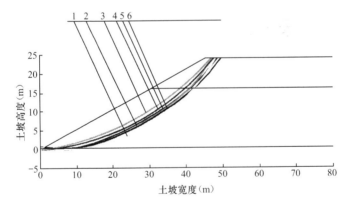

图 5-34 土坡 7 计算结果

注：1. 圆弧滑动面（瑞典法）；2. 遗传算法；3. C－M 法；
4. BISHOP 法；5. 粒子群算法；6. 和声算法。

由表 5-21 的结果并与前述结果比较可知，对于土坡 3 和声遗传算法得到的结果为 1.227，而两阶段优化策略下最好结果为 1.250；对于土坡 4，和声遗传算法结果为 1.315，而两阶段优化策略下最好结果为 1.306；对于土坡 6，改进和声算法结果为 0.405，而两阶段优化策略下最好结果为 0.410，比较可见，两阶段优化策略实施起来较为烦琐，但其结果并不优异。

5.9 小结

对于任意滑动面，很难由程序随机生成可行的滑动面。采用修复策略代替惩罚策略来处理不可行滑动面能搜索到最优值，但对于具有软弱层的土坡或者复杂荷载作用下的土坡，建议使用策略 6 来模拟任意滑动面。基本和声算法简单易行，但是其没有好好利用和声库内的信息，本文改进的和声算法搜索到的结果更接近已有的结果，基于对原始粒子群算法寻优策略的深刻分析，借鉴和声搜索算法的简单有效寻优策略，提出了混合粒子群算法，算例比较证明其搜索效率较高。两阶段优化策略实施较为烦琐，其结果并不比一阶段优化策略优异，在实际应用过程中，建议使用一阶段优化策略。

附录 A   土坡算例剖面

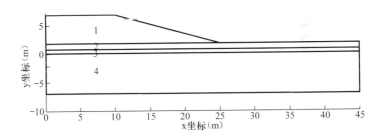

图 A-1   土坡 1 剖面

土坡 1 强度参数

表 A-1

层次	γ（kN/m³）	c（kPa）	ϕ（°）
1	19.22	0.0	35.0
2	19.6	6.0	38.5
3	18.5	6.2	0.0
4	19.8	5.0	36.0

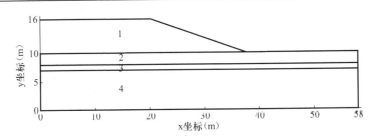

图 A-2   土坡 2 剖面

土坡 2 强度参数

表 A-2

层次	γ（kN/m³）	c（kPa）	ϕ（°）
1	19.22	0.0	35.0

层次	γ（kN/m³）	c（kPa）	ϕ（°）
2	19.6	8.0	32.5
3	18.5	10.5	0.0
4	19.8	10.0	30.0

土坡 3 强度参数　　　　　　　　表 A-3

层次	γ（kN/m³）	c（kPa）	ϕ（°）
1	20.0	40.0	20.0

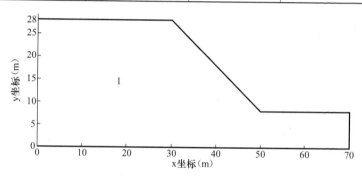

图 A-3　土坡 3 剖面

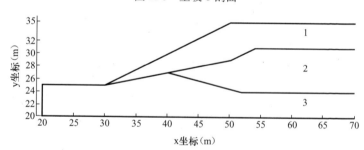

图 A-4　土坡 4 剖面

土坡 4 强度参数　　　　　　　　表 A-4

层次	γ（kN/m³）	c（kPa）	ϕ（°）
1	19.5	0.0	38.0
2	19.5	5.3	23.0
3	19.5	7.2	20.0

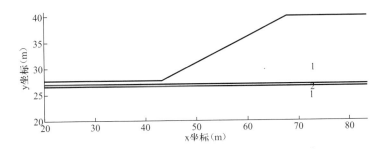

图 A-5 土坡 5 剖面

土坡 5 强度参数 表 A-5

层次	γ（kN/m³）	c（kPa）	ϕ（°）
a	18.84	28.5	20.0
b	18.84	0.0	10.0

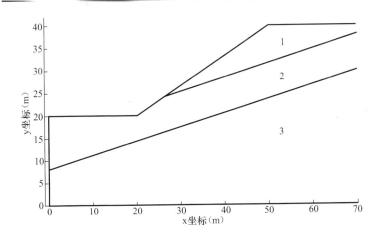

图 A-6 土坡 6 剖面

土坡 6 强度参数 表 A-6

层次	γ（kN/m³）	c（kPa）	ϕ（°）
1	18.82	29.4	12.0
2	18.82	9.8	5.0
3	18.82	294.0	40.0

153

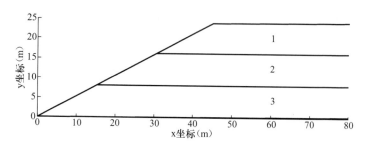

图 A-7 土坡 7 剖面

土坡 7 强度参数　　　　　　　　　表 A-7

层次	γ (kN/m³)	c (kPa)	ϕ (°)
1	19.0	10.0	27.0
2	20.0	14.0	26.0
3	18.0	12.0	28.0

土坡 8 强度参数　　　　　　　　　表 A-8

层次	γ (kN/m³)	c (kPa)	ϕ (°)
1	19.0	20.0	35
2	19.0	0.0	25
3	19.0	10.0	35

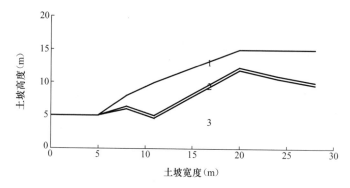

图 A-8 土坡 8 剖面

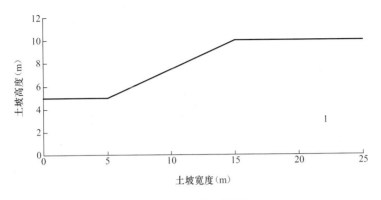

图 A-9 土坡 9 剖面

土坡 9 强度参数   表 A-9

层次	γ (kN/m³)	c (kPa)	ϕ (°)
1	17.64	9.8	10.0

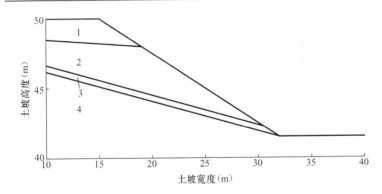

图 A-10 土坡 10 剖面

土坡 10 强度参数   表 A-10

土层	γ/(kN/m³)	c/(kPa)	ϕ/(°)
1	19.0	15.0	20.0
2	19.0	17.0	21.0
3	19.0	5.00	10.0
4	19.0	35.0	28.0

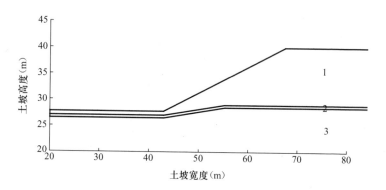

图 A-11　土坡 11 剖面

土坡 11 强度参数　　　表 A-11

土层	$\gamma/(kN/m^3)$	$c/(kPa)$	$\phi/(°)$
1	18.84	28.73	20.0
2	18.84	0.0	10.0
3	18.84	28.73	20.0

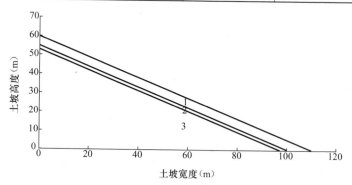

图 A-12　土坡 12 剖面

土坡 12 强度参数　　　表 A-12

层次	$\gamma/(kN/m^3)$	$c/(kPa)$	$\phi/(°)$
1	19.0	40	17.0
2	19.0	30	10.0
3	19.0	50	27.0

附录 B 土坡算例搜索域

计算中共给定三组搜索域：（搜索域的给定并没有理论依据，用户可大致给出）

土坡 1：
- 域 1 $x_o \in [10, 90]$ $y_o \in [10, 80]$ $R \in [25, 45]$
- 域 2 $x_o \in [10, 50]$ $y_o \in [7, 60]$ $R \in [25, 45]$
- 域 3 $x_o \in [10, 80]$ $y_o \in [10, 70]$ $R \in [25, 40]$

土坡 2：
- 域 1 $x_o \in [20, 100]$ $y_o \in [17, 50]$ $R \in [38, 58]$
- 域 2 $x_o \in [20, 80]$ $y_o \in [17, 80]$ $R \in [38, 50]$
- 域 3 $x_o \in [20, 60]$ $y_o \in [17, 100]$ $R \in [38, 58]$

土坡 3：
- 域 1 $x_o \in [30, 50]$ $y_o \in [28, 100]$ $R \in [5, 150]$
- 域 2 $x_o \in [30, 80]$ $y_o \in [28, 80]$ $R \in [20, 150]$
- 域 3 $x_o \in [30, 100]$ $y_o \in [28, 50]$ $R \in [5, 120]$

土坡 4：
- 域 1 $x_o \in [20, 50]$ $y_o \in [35, 80]$ $R \in [5, 100]$
- 域 2 $x_o \in [-10, 50]$ $y_o \in [35, 90]$ $R \in [5, 90]$
- 域 3 $x_o \in [0, 50]$ $y_o \in [35, 100]$ $R \in [5, 120]$

土坡 5：
- 域 1 $x_o \in [20, 70]$ $y_o \in [40, 80]$ $R \in [5, 100]$
- 域 2 $x_o \in [0, 70]$ $y_o \in [40, 100]$ $R \in [5, 90]$
- 域 3 $x_o \in [-20, 70]$ $y_o \in [40, 90]$ $R \in [5, 120]$

土坡 6：
- 域 1 $x_o \in [0, 50]$ $y_o \in [40, 90]$ $R \in [5, 100]$
- 域 2 $x_o \in [-10, 50]$ $y_o \in [40, 100]$ $R \in [5, 120]$
- 域 3 $x_o \in [-20, 50]$ $y_o \in [40, 120]$ $R \in [5, 150]$

土坡 7：
- 域 1 $x_o \in [0, 50]$ $y_o \in [25, 50]$ $R \in [5, 80]$
- 域 2 $x_o \in [-20, 50]$ $y_o \in [25, 80]$ $R \in [10, 100]$
- 域 3 $x_o \in [-10, 45]$ $y_o \in [25, 70]$ $R \in [5, 150]$

注：土坡 1、土坡 2 中 $\mathbf{X} = (x_o, y_o, xout)$，土坡 3～7 为 $\mathbf{X} = (x_o, y_o, R)$。

参 考 文 献

［1］ 陈祖煜. 土质土坡稳定分析——原理. 方法. 程序. 北京：中国水利水电出版社，2003：1-3.

［2］ 王恭先. 面向 21 世纪我国滑坡灾害防治的思考. 兰州滑坡泥石流学术研讨会论文集. 兰州，1998.

［3］ Fellinius W. Calculation of stability of earth dams ［A］. trans 2nd international congress of large dams，1936，（4）：445.

［4］ Bishop A W. The use of the slip circle in the stability analysis of slopes. Geotechnique，1955，（5）：7-17.

［5］ Janbu K N. Application of composite slip surface for stability analysis. proceedings of European conference on stability of earth slopes. Sweden，1954（3）：43-49.

［6］ 潘家铮. 建筑物的抗滑稳定和滑坡分析. 北京：水利出版社，1980.

［7］ 中华人民共和国国家标准—建筑地基基础设计规范 GBJ 7-89. 北京：中国建筑工业出版社，1989.

［8］ Sarma S K. Stability analysis of embankments and slopes. Geotechnique，1973，23（3）：423-433.

［9］ Sarma S K. Stability analysis of embankments and slopes. Journal of geotechnical engineering division，1979，105（12）：1511-1524.

［10］ Janbu K N. Slope Stabilitycomputations. In：Hirschfeld R C, Poulos S J. Embankment dam engineering. New York：Johnwiley and sons，1973，47-86.

［11］ Spencer E. A method of analysis of the stability of embankments assuming parallel interslice forces. Geotechnique，1967，17（1）：11-26.

［12］ Morgenstern N R，Price V E. The analysis of the stability of general slip surfaces. Geotechnique，1965，15（1）：79-93.

［13］ Chen Z Y，Morgenstern N R. Extensions to the generalized method of slices for stability analysis. Canadian geotechnical Journal，1983，

20（1）：104-119.

[14] Leshchinsky & Huang. generalized slope stability analysis：interpretation and comparison. Journal of Geotechnical engineering，ASCE，1992，118（10）：1559-1576.

[15] 栾茂田，林皋，郭莹. 土坡稳定分析的改进滑楔模型及其应用. 岩土工程学报，1995，17（4）：1-9.

[16] 刘杰，张学深，褚世洪. 简单边坡的稳定性分析. 岩土力学，2002，23（6）：714-716.

[17] 张鲁渝，郑颖人. 简化 BISHOP 法的扩展及其在非圆弧滑动面中的应用. 2004，25（6）：927-929.

[18] 张鲁渝，郑颖人. 扩展简化 BISHOP 法的取矩中心对安全系数的影响. 岩土力学，2004，25（8）：1239-1243.

[19] 朱禄娟，谷兆祺，郑榕明等. 二维边坡稳定方法的统一计算公式. 水力发电学报，2002，（3）：21-29.

[20] 林丽，郑颖人，孔亮，邓卫东. 条分法的统一公式及其分析. 地下空间，2002，22（3）：252-255.

[21] 杨明成，郑颖人. 基于严格平衡的安全系数统一求解格式. 岩土力学，2004，25（10）：1565-1568.

[22] 杨明成. 边坡稳定性分析的条分法及临界滑动面的确定：（博士学位论文）. 重庆：后勤工程学院，2003.

[23] 郑颖人，杨明成. 边坡稳定安全系数求解格式的分类统一. 岩石力学与工程学报，2004，23（16）：2836-2841.

[24] Hovland H J. Three-dimensional slope stability analysis of slope [J]. Journal of Geotechnic Engineering Division，ASCE，1977，103：971-986.

[25] Chen R H，Chameau J L. Three dimensional limit equilibrium analysis for slopes [J]. Geotechnique，1982，32（1）：31-40.

[26] Hungr O. An extension of Bishop's simplified method of slope stability analysis to three-dimensions [J]. Geotechnique，1987，37（1）：113-117.

[27] Lam L，Fredlund D G. A general limit equilibrium model for three-dimensional slope stability analysis [J]. Canadian Geotechnical Journal，1993，30：905-919.

[28] 陈祖煜，弥宏亮，汪小刚. 边坡稳定三维分析的极限平衡法 [J]. 岩土工程学报，2001，23 (5)：525-529.

[29] 张均锋，丁桦. 边坡稳定性的三维极限平衡分析方法及应用 [J]. 岩石力学与工程学报，2005，24 (3)：365-370.

[30] 张均锋. 三维简化 JANBU 法分析边坡稳定性的扩展 [J]. 岩石力学与工程学报，2004，23 (17)：2876-2881.

[31] 陈胜宏，万娜. 边坡稳定分析的三维剩余推力法 [J]. 武汉大学学报（工学版），2005，38 (3)：69-73.

[32] 冯树仁，丰定祥，葛修润等. 边坡稳定性的三维极限平衡分析方法及应用 [J]. 岩土工程学报，1999，21 (6)：657-661.

[33] 李同录，王艳霞，邓宏科. 一种改进的三维边坡稳定性分析方法 [J]. 岩土工程学报，2003，25 (5)：611-614.

[34] 邵龙潭，唐洪祥，韩国城. 有限元边坡稳定分析方法及其应用. 计算力学学报，2001，18 (1)：81-87.

[35] 邵龙潭，韩国城. 堆石坝边坡稳定分析的一种方法. 大连理工大学学报，1994，34，(3)：365-369.

[36] 邵龙潭，韩国城. 水流作用下堆石边坡的稳定分析方法. 水利学报，1997，(1)：51-55.

[37] 邵龙潭，唐洪祥，孔宪京，韩国城. 随机地震作用下土石坝边坡的稳定性分析. 水利学报，1999，(11)：66-71.

[38] Duncan J M. State of the art: limit equilibrium and finite element analysis of slopes. Journal of Geotechnical Engineering, ASCE, 1996, 122 (7)：577-596.

[39] Zienkiewice O C, Humpheson C, Lewis R W. Associated and non-associated viso-plasticity and plasticity in soil mechanics. Geotechnique, 1975, 25 (4)：671-689.

[40] Ugai K. A method of calculation of total factor of safety of slopes by elasto-plastic FEM. Soils and Foundations, 1989, 29 (2)：190-195.

[41] Ugai K, Leshchinsky D. Three-dimensional limit equilibrium and finite element analysis: a comparison of results. Soils and Foundations, 1995, 35 (4)：1-7.

[42] Matsui T, San K C. Finite element slope stability analysis by shear

strength reduction technique. Soils and Foundations, 1992, 32 (1): 59-70.

[43] Griffiths D V, Lane P A. Slope stability analysis by finite elements. Geotechnique, 1999, 39 (3): 387-403.

[44] 连镇营, 孔宪京, 韩国城. 强度折减有限元法研究开挖边坡的稳定性. 岩土工程学报, 2001, 23 (4): 407-411.

[45] 赵尚毅, 郑颖人, 时卫民等. 用有限元强度折减法求边坡稳定安全系数. 岩土工程学报, 2002, 24 (3): 343-346.

[46] 赵尚毅, 郑颖人, 邓卫东. 用有限元强度折减法进行节理岩质边坡稳定性分析. 岩石力学与工程学报, 2003, 22 (2): 254-260.

[47] 张鲁渝, 郑颖人, 赵尚毅. 有限元强度折减系数法计算土坡稳定安全系数的精度研究. 水利学报, 2003, (1): 21-27.

[48] 迟世春, 关立军. 基于强度折减的拉格朗日差分方法分析土坡稳定性. 岩土工程学报, 2004, 26 (1): 42-46.

[49] 郑颖人, 赵尚毅. 有限元强度折减法在土坡与岩坡中的应用. 岩石力学与工程学报, 2004, 23 (19): 3381-3388.

[50] 邓建辉, 魏进兵, 闵弘. 基于强度折减概念的滑坡稳定性三维分析方法 (Ⅰ): 滑带土抗剪强度参数反演分析. 岩土力学, 2003, 24 (6): 896-900.

[51] 邓建辉, 张嘉翔, 闵弘等. 基于强度折减概念的滑坡稳定性三维分析方法 (Ⅱ): 加固安全系数计算. 岩土力学, 2004, 25 (6): 871-875.

[52] 王成华, 夏绪勇. 边坡稳定分析中的临界滑动面搜索方法述评. 四川建筑科学研究, 2002, 28 (3): 34-39.

[53] 孙涛, 顾波. 边坡稳定性分析评述. 岩土工程界, 2002, 3 (11): 48-50.

[54] Baker R, Garber M. Variation approach to slope stability. Proceedings of 9th international conference on soil mechanics and found engineering, 1977, 2: 9-12.

[55] Castillo E, Revilla J. The calculus of variations and the stability of slopes. Proceedings of 9th international conference on soil mechanics and found engineering, 1977, 2: 25-30.

[56] Revilla J, Castillo E. The calculus of variations applied to stability ofslopes. Geotechnique, 1977, 27 (1): 1-11.

[57] Ramamurthy T, Narayan C G P, Bhatkar V P. Variation method for slope stabilityanalysis. Proceedings of 9th international conference on soil mechanics and found engineering, 1977, 2: 139-142.

[58] De Josselin, De Jong G. Application of the calculus of variation to vertical cut off in cohesive frictionlesssoil. Geotechnique, 1980, 30 (1): 1-16.

[59] Siegel RA. Computer analysis of general slope stability problems. Res. Report NO. JHRP-75-8, Engineering Experiment station, Purdue University, West Lafayette, Ind. , 1975.

[60] Lefebvre G. STABR user's manual. Department of Civil Engineering, the University of California at Berkeley, 1971.

[61] Huang Y H. Stability analysis of earth slopes. New York : Van Nostrand Rein-hold Company, 1983.

[62] 莫海鸿, 唐超宏, 刘少跃. 应用模式搜索法寻找最危险滑动圆弧. 岩土工程学报, 1999, 21 (6): 696-699.

[63] 唐超宏, 莫海鸿, 刘少跃. 模式搜索法在边坡稳定性分析中的应用. 华南理工大学学报（自然科学版）, 2000, 28 (2): 42-46.

[64] 江见鲸. 土建工程实用程序选编. 北京: 水利电力出版社, 1987.

[65] 马忠政, 祁红卫, 侯学渊. 边坡稳定验算中全面搜索的一种新方法. 岩土力学, 2000, 21 (3): 256-259.

[66] Nguyen V U. Determination of critical slope failuresurface. Journal of Geotechnical Engineeing, ASCE, 1985, 111 (2): 238-250.

[67] De Natale J S. Rapid identification of critical slip surface: structure. Journal of Geotechnical Engineeing, ASCE, 1991, 117 (10): 568-589.

[68] Celestino T B, Duncan J M. Simplified search for non-circular slip surface. Proceedings of 10th international conference on soil mechanics and found engineering. A. A. Balkema, Rotterdam, the Netherlands, 1981, 3: 391-394.

[69] Arai K, Tagyo K. Determination of noncircular slip surface giving the minimum factor of safety in slope stability analysis. Soils and Foundations, 1985, 25 (1): 43-51.

[70] Li K S, White W. Rapid evaluation of the critical surface in slope stability problems. International Journal for Numerical and analytical

Method in Geomechanics，1987，11（5）：449-473.

[71] 阎中华. 均质土坝与非均质土坝稳定安全系数极值分布规律及电算程序简介. 水利水电技术，1983，（7）.

[72] 周文通. 最优化方法在土坝稳定分析中的应用. 土石坝工程，1984(2).

[73] 孙君实. 条分法的数值分析. 岩土工程学报，1984，6（2）：1-12.

[74] Yamagami T，Ueta Y. Search for noncircular slip surfaces by the Morgenstern-Pricemethod. Proceedings of 6th international conference on numerical methods in Geomechanics，Innsbruck，1988，1335-1340.

[75] 陈祖煜，邵长明. 最优化方法在确定边坡最小安全系数方面的应用. 岩土工程学报，1988，10（4）：1-13.

[76] Greco V R. Numerical methods for locating the critical slip surface in slope stability. Proceedings of 6th international conference on numerical methods in Geomechanics，Innsbruck，1988，1219-1223.

[77] 邹广申. 边坡稳定分析条分法的一个全局优化算法. 岩土工程学报，2002，24（3）：309-312.

[78] Baker R. Determination of critical slip surface in slope stability computation. International Journal for Numerical and analytical Method in Geomechanics，1980，4（4）：333-359.

[79] 曹文贵，颜荣贵. 边坡非圆临界滑面确定之动态规划法研究. 岩石力学与工程学报，1995，14（4）：320-328.

[80] Yamagami T，Jiang J C. A search for the critical slip surface in three dimensional slope stabilityanalysis. Soils and Foundations，1997，37（3）：1-16.

[81] Yamagami T，Ueta Y. Search for critical slip lines in finite element stress fields by dynamic programming. Proceedings of 6th international conference on numerical methods in Geomechanics，Innsbruck，1988，1219-1223.

[82] Zou J Z，Williams D J，Xiong W L. Search for critical slip surfaces based on finite element method. Canadian Geotechnical Journal，1995，32（2）：233-246.

[83] 史恒通，于成华. 土坡有限元稳定分析若干问题的探讨. 岩土力学，2000，21（2）：152-155.

[84] 金小蕙. 饱和土坡渗流—变形—稳定性的非线性耦合有限元分析：

（博士学位论文）. 天津：天津大学，2002.

[85] Boutrup E, Lovell C W. Search technical in slope stability analysis. Engineering Geotechnical，1980，16（1）：51-61.

[86] Siegel R A，Kovacs W D，Lovell C W. Random surface generation in stability analysis. Journal of Geotechnical Engineering，ASCE，1981，107（7）：996-102.

[87] Greco V R. Efficient Monte Carlo technique for locating critical slip-surface. Journal of Geotechnical Engineering，ASCE，1996，122（7）：517-525.

[88] Abdallah I H，Waleed F H，Sarada K S. Global search method for locating general slip surface using Monte Carlo Techniques. Journal of Geotechnical and Geoenvironmental Engineering，ASCE，2001，127（7）：688-698.

[89] Chen Z Y. Random trials used in determining global minimum factors of safety of slopes. Canadian Geotechnical Journal，1992，29（2）：225-233.

[90] John H. Holland，Adaptation in natural and artificialsystems. MIT press，1992，second edition.

[91] 肖专文，张奇志，顾兆岑. 边坡最小安全系数的遗传算法. 沈阳建筑工程学院学报，1996，12（2）：144-147.

[92] 肖专文，张奇志，梁力. 遗传进化算法在边坡稳定性分析中的应用. 岩土工程学报，1998，20（1）：44-46.

[93] Anthony T G. Genetic algorithm search for critical slip surface in multiple-wedge stability analysis. Canadian Geotechnical Journal，1999，36（2）：382-391.

[94] 弥宏亮，陈祖煜. 遗传算法在确定边坡稳定最小安全系数中的应用. 岩土工程学报，2003，25（6）：671-675.

[95] 周杨，冷元宝，赵圣立等. 土质边坡非圆弧滑动面的遗传进化模拟. 河南科学，2004，22（1）：96-99.

[96] 邹万杰，韦立德，徐卫亚. 基于遗传算法的土坡稳定性分析. 广西工学院学报，2003，14（4）：19-21.

[97] 陆峰，陈祖煜，李素梅. 应用遗传算法搜索边坡最小安全系数的研究. 中国水利水电科学研究院学报，2003，1（3）：236-239.

[98] 聂跃高，刘伟全，施建勇等. 加速遗传算法在路堤边坡稳定性分析

中的应用. 中国公路学报，2003，16（4）：16-20.

[99] 朱福明，周锡程，王乐芹. 一种改进的遗传算法在土坡稳定中的应用. 港工技术，2003，（3）：20-23.

[100] 丰土根，刘汉龙，高玉峰，杨建贵. 加速遗传算法在边坡抗震稳定性分析中的应用. 水利学报，2002，（9）：89-93.

[101] 丰土根，刘汉龙，高玉峰，杨建贵. 遗传算法在边坡抗震稳定性分析中的应用. 岩土力学，2002，23（1）：63-66.

[102] 甘为军，黄雅虹，张培震. 黄土斜坡最危险滑裂面的遗传算法确定及稳定性分析. 工程地质学报，1999，7（2）：168-174.

[103] 李守巨，刘迎曦，何翔等. 基于模拟退火算法的边坡最小安全系数全局搜索方法. 岩石力学与工程学报，2003，22（2）：236-240.

[104] 何则干，陈胜宏. 遗传模拟退火算法在边坡稳定性分析中的应用. 岩土力学，2004，25（2）：316-319.

[105] 张慧，李立增，王成华. 粒子群算法在确定边坡最小安全系数中的应用. 石家庄铁道学院学报，2004，17（2）：1-4.

[106] 陈昌富，杨宇. 边坡稳定性分析水平条分法及其进化计算. 湖南大学学报（自然科学版），2004，31（3）：72-75.

[107] 陈昌富，龚晓南，王贻荪. 自适应蚁群算法及其在边坡工程中的应用. 浙江大学学报（工学版），2003，37（5）：566-569.

[108] 陈昌富，龚晓南. 混沌扰动启发式蚁群算法及其在边坡非圆弧临界滑动面搜索中的应用. 岩石力学与工程学报，2004，23（20）：3450-3453.

[109] 王成华，夏绪勇，李广信. 基于应力场的土坡临界滑动面的遗传算法搜索. 清华大学学报（自然科学版），2004，44（3）：425-428.

[110] 王成华，夏绪勇，李广信. 基于应力场的土坡临界滑动面的蚂蚁算法搜索技术. 岩石力学与工程学报，2003，22（5）：813-819.

[111] 高玮，冯夏庭. 基于仿生算法的滑坡危险滑动面反演（1）——滑动面搜索. 岩石力学与工程学报，2005，24（13）：2237-2241.

[112] 成岗昌夫，中川建治. 土木工程程序设计. 大连工学院水利系译. 大连：大连工学院出版社，1982.

[113] Yang H. Huang. 土坡稳定分析. 包承纲等译. 北京：清华大学出版社，1988.

[114] 张天宝. 土坡稳定分析和土工建筑物的边坡设计. 成都：成都科技大学出版社，1987.

[115] 张永生，赵宝玉，孙福德等. 用复合形法计算土坡稳定性. 黑龙江水专学报，1997，4：49-52.

[116] 陈刚，张林，陈健康等. 复合形法在拱坝结构可靠度分析中的应用. 水利学报，2003，(2)：98-101.

[117] 王思仁. 复合形法及其应用. 江西水利科技，1995，21 (2)：93-97.

[118] 刘林广，张林，陈建叶等. 复合形法在沙牌高碾压混凝土拱坝可靠度分析中的应用. 水电站设计，2003，19 (4)：28-31.

[119] 曹延杰，陈春良，李成良. 复合形法在振动曲线拟合时的应用. 振动与冲击，2000，19 (4)：25-27.

[120] 王勇. 考虑混凝土面板堆石坝流变的静力分析：(博士学位论文). 南京：河海大学，1998.

[121] Chen Zuyu, Wang xiaogang, Haberfield C, etc. A three-dimensional slope stability analysis method using the upper bound theorem-part I：theory and methods [J]. International Journal of Rock Mechanics & Mining Sciences，2001，38 (3)：369-378.

[122] Chen Zuyu, Wang Jian, Wang Yujie, etc. A three-dimensional slope stability analysis method using upper bound theorem-part II：numerical approaches, applications and extensions [J]. International Journal of Rock Mechanics & Mining Sciences，2001，38 (3)：379-397.

[123] 张鲁渝，欧阳小秀，郑颖人. 国内岩土边坡稳定分析软件面临的问题及几点思考. 岩石力学与工程学报，2003，22 (1)：166-169.

[124] Cheng Y. M. Locations of Critical Failure Surface and some Further Studies on Slope Stability Analysis [J], Computers and Geotechnics，2003，30：255-267.

[125] Zolfaghari A. R. , Heath A. C. and McCombie P. F. Simple genetic algorithm search for critical non-circular failure surface in slope stability analysis [J]. Computers and Geotechnics，2005，32：139-152.

[126] 关立军. 基于强度折减的土坡稳定分析方法研究：(硕士学位论文). 大连：大连理工大学，2003.

[127] Arai K，Tagyo K. Determination of noncircular slip surface giving the minimum factor of safety in slope stability analysis. **Soils and Foundations**，1985，25（1）：43-51.

[128] Colomi A，Dorigo M，Maniezzo V. Distributed optimization by ant colonies. In：Varela F，Bourgine P ed. Proceeding of the first European Conference on Artificial Life. Paris：Elsevier，1991：131-142.

[129] 吴斌，史忠植. 一种基于蚁群算法的 TSP 问题分段求解算法. 计算机学报，2001，24（12）：1328-1333.

[130] 王颖，谢剑英. 一种基于蚁群算法的多媒体网络多播路由算法. 上海交通大学学报，2002，36（4）：526-531.

[131] 陈凌，沈洁，秦玲. 蚁群算法求解连续空间优化问题的一种方法. 软件学报，2002，13（12）：2317-2323.

[132] 高尚，钟娟，莫述军. 连续优化问题的蚁群算法研究. 微机发展，2003，13（1）：21-22.

[133] 熊伟清，余舜浩，魏平. 用于求解函数优化的一个蚁群算法设计. 微电子学与计算机，2003，（1）：23-25.

[134] 周明，孙树栋. 遗传算法原理及应用. 北京：国防工业出版社，2001.

[135] Kennedy J，Eberhart R. Particle swarmoptimization. In：IEEE. International conference on Neural Networks. Perth，Australia：IEEE Service Center，Piscataway，New Jersey，1995，1942-1948.

[136] Eberhart R，Kennedy J. A new optimizer using particle swarm theory. In：Proceeding of the 6th international symposium on micro machine and human science，Nagoya，Japan，1995：39-43.

[137] Shi Y，Eberhart R C. Fuzzy adaptive particle swarm optimization. In：Proceedings of congress on evolutionary computation，Seoul，Korea，2001.

[138] Kirkpatrick S Gelatt，C D J，and Vecchi M P. Optimization by simulated annealing. Science 1983，（220）：671-680.

[139] KENNETHA. CUNEFRE，BRIANS. DATER. Structural acoustic optimization using the complex method in journal of computational acoustics，2003，11（1）：115-13.

[140] 高鹰，谢胜利. 免疫粒子群优化算法. 计算机工程与应用，2004，6：4-6.

[141] 畅延青，张洪全，张成芳. 伪梯度方向复合形直接搜索法. 系统工程，1998，16（2）：17-23.

[142] 石峰，莫忠息. 信息论基础. 武汉：武汉大学出版社，2002，16-19.

[143] Glover F. Tabu search：part 1. ORSA journal on computing，1989，1（3）：190-206.

[144] 陈廷伟，冯夏庭. 基于二阶段禁忌算法的边坡安全模型的识别. 岩土力学，2002，23（3）：347-351.

[145] 李晓磊，钱积新. 基于分解协调的人工鱼群优化算法研究. 电路与系统学报，2003，8（1）：1-6.

[146] 李晓磊，邵之江，钱积新. 一种基于动物自治体的寻优模式：鱼群算法. 系统工程理论与实践，2002，11：32-38.

[147] 李晓磊，路飞，田国会等. 组合优化问题的人工鱼群算法应用. 山东大学学报（工学版），2004，34（5）：64-67.

[148] 李晓磊，冯少辉，钱积新等. 基于人工鱼群算法的鲁棒 PID 控制器参数整定方法研究. 信息与控制，2004，33（1）：112-115.

[149] 时卫民，郑颖人，唐伯明等. 土坡稳定不平衡推力法的精度分析及其使用条件. 岩土工程学报，2004，26（3）：313-317.

[150] 郑颖人，时卫民. 不平衡推力法使用中应注意的问题. 重庆建筑，2004，（2）：6-8.

[151] Z W Geem，J H Kim，G V Loganathan. Harmony search. Simulation，2001，76（2）：60-68.

[152] 田永红，薄亚明，高美凤. 多维极值函数优化的和声退火算法. 计算机仿真，2004，21（10）：79-82.

[153] 田永红，薄亚明，高美凤. 和声退火算法的参数选取准则. 计算机仿真，2005，22（4）：70-74.

[154] 田永红，薄亚明，高美凤. 非线性系统预测控制的和声退火算法. 石油化工自动化，2005，（2）：39-42.

[155] 何源，罗永红，王运生，等. 刘家湾滑坡特征及成因机制探讨. 工程地质学报，2015，23（5）：835-843.

[156] 郑宏. 严格三维极限平衡法. 岩石力学与工程学报，2007，26（8）：1529-1537.

[157] 朱大勇，丁秀丽，刘华丽，钱七虎. 对称边坡三维稳定性计算方法. 岩石力学与工程学报，2007，26（1）：22-27.

[158] 朱大勇，丁秀丽，杜俊慧，邓建辉. 旋转非对称边坡三维安全系数计算. 岩土工程学报，2007，29（8）：1236-1239.

[159] 谢谟文，蔡美峰，江崎哲郎. 基于 GIS 边坡稳定三维极限平衡方法的开发及应用. 岩土力学，2006，27（1）：117-122.

[160] 李亮，陈祖煜，迟世春，郑榕明，王玉杰. 基于 NURBS 表示的三维土坡稳定分析. 岩土工程学报，2008，30（2）：212-218.

[161] 李亮. 三维边坡极限平衡分析中滑动体模拟方法比较. 工业建筑，2008，38（7）：62-66.

[162] 李亮，迟世春，林皋. 基于蚁群算法的复合形法及其在边坡稳定分析中应用. 岩土工程学报，2004，26（5）：691-696.

[163] 李亮，迟世春，林皋. 一类新复合形法及其在临界滑裂面搜索中的应用. 岩土工程学报，2005，27（1）：448-453.

[164] 李亮，迟世春，林皋. 基于粒子群优化的复合形法求解复杂土坡最小安全系数. 岩土力学，2005，26（9）：1393-1398.

[165] 李亮，迟世春，褚雪松. 基于修复策略的改进和声搜索算法求解土坡非圆临界滑动面. 岩土力学，2006，27（10）：1714-1718.

[166] 李亮，迟世春，林皋，褚雪松. 利用潘家铮极值原理与和声搜索算法进行土坡稳定分析. 岩土力学，2007，28（1）：157-162.

[167] 李亮，迟世春，郑榕明. 基于椭球滑动体假定和三维简化 JANBU 法的边坡稳定分析. 岩土力学，2008，29（9）：2439-2445.

[168] 李亮，迟世春，林皋. 基于最小共享度替换准则的复合形法及其在边坡稳定分析中的应用. 岩石力学与工程学报，2005，24（14）：2597-2602.

[169] 李亮，迟世春，林皋. 禁忌模拟退火复合形法及其在边坡稳定分析中的应用. 岩石力学与工程学报，2005，24（18）：3342-3349.

[170] 李亮，迟世春，林皋. 混沌和声搜索算法及其在土坡局部安全系数法中的应用. 岩石力学与工程学报，2006，25，SUPP. 1：2763-2769.

[171] 李亮，迟世春，林皋. 引入退火机制的复合形法及其在边坡最小安全系数搜索中的应用. 水利学报，2005，36（1）：83-87.

[172] 李亮，迟世春，林皋. 引入和声策略的遗传算法在土坡非圆临界滑动面求解中的应用. 水利学报，2005，36（8）：913-918.

[173] 李亮，迟世春，郑榕明等. 一种新型遗传算法及其在土坡任意滑

动面确定中的应用. 水利学报，2007，38（2）：157-162.

[174] 李亮，迟世春，林皋. 改进和声搜索算法及其在土坡稳定分析中的应用. 土木工程学报，2006，39（5）：107-111.

[175] 李亮，迟世春，林皋. 基于最大伪梯度搜索的多样复合形法及其在边坡稳定分析中的应用. 水力发电学报，2005，24（6）：20-24.

[176] 李亮，迟世春，郑榕明等. 土坡非圆临界滑动面求解的混合搜索方法. 中国公路学报，2007，20（6）：1-6.

[177] 李亮，迟世春，林皋. 禁忌鱼群算法及其在边坡稳定分析中的应用. 工程力学，2006，23（3）：6-10.

[178] 李亮，迟世春，林皋. 保持复形顶点多样性的复合形法及其在边坡稳定分析中的应用. 计算力学学报，2006，23（3）363-367.

[179] 李亮，迟世春，林皋. 基于最大熵原理的复合形法及其在边坡稳定分析中的应用. 中国工程科学，2005，7（4）：64-68.

[180] 李亮，迟世春，郑榕明等. 混合粒子群算法搜索土坡危险滑动面. 工业建筑，2007，37（2）：55-59.

[181] 李亮，迟世春，郑榕明等. 改进的粒子群法及其在土坡临界滑动面搜索中的应用. 防灾减灾工程学报，2007，27（2）：153-158.

[182] 李亮，迟世春，林皋等. 禁忌遗传算法在边坡稳定分析中的应用. 水电能源科学，2007，25（1）：63-67.

[183] 李亮，迟世春. 新型和声搜索算法在土坡稳定分析中的应用. 水利与建筑工程学报，2007，5（3）：1-6.

[184] 李亮，王玉杰，王秋生等. 土坡稳定分析中模拟任意滑动面的新策略及其效率分析. 水利学报，2008，39（5）：535-541.

[185] Cheng Y M, Li liang, Chi Shi-chun, Wei WB. Particle swarm optimization algorithm for the location of the critical non-circular failure surface in two dimensional slope stability analysis. Computers and Geotechnics, 2007, 34 (2): 92-103.

[186] Cheng Y M, Li liang, Chi Shi-chun. Performance studies on six heuristic global optimization methods in the location of critical slip surface. Computers and Geotechnics, 2007, 34 (6): 462-484.

[187] Cheng Y M, Li liang, Lansivaara T, Chi Shi-chun. , Sun YJ. An Improved harmony search minimization algorithm using different slip surface generation methods for slope stability analysis, Engineering

Optimization, 2008, 40 (2): 95-115.

[188] Cheng Y M, Li liang, Chi Shi-chun, Wei WB. Determination of the critical slip surface using artificial fish swarms algorithm. Journal of Geotechnical and Geoenvironmental Engineering, 2008, 134 (2): 244-251.

[189] Cheng Y M, Li L, Sun Y J, Au S K. A coupled particle swarm and harmony search optimization algorithm for difficult geotechnical problems. Structural and Multidisciplinary Optimization, 2012, 45 (4): 489-501.

[190] Cheng Y M, Li L, Fang S S. Improved Harmony Search Methods to Replace Variational Principle in Geotechnical Problems. Journal of Mechanics, 2011, 27 (1): 107-119.

[191] Li Liang, Chu Xue-song. An improved Particle Swarm optimization Algorithm with Harmony Strategy for the Location of Critical Slip Surface of Slopes. China Ocean Engineering, 2011, 25 (2): 357-364.

[192] Li Liang, Cheng Y. M. , Chu Xuesong. A new approach to the determination of the critical slip surfaces of slopes. China Ocean Engineering, 2013, 27 (1): 51-64.

[193] Li Liang, Yu Guang-ming, Chen ZU-yu, Chu Xue-song. Discontinuous flying particle swarm optimization algorithm and its application to slope stability analysis. Journal of Central South University of Technology, 2010, 17 (4): 852-856.